DE

L'ICTÈRE HÉMAPHÉIQUE

PRINCIPALEMENT

AU POINT DE VUE CLINIQUE

PAR

Le Dr L. DREYFUS-BRISAC,
Ancien interne des hôpitaux de Paris,
Lauréat de la Faculté de médecine de Strasbourg,
Membre de la Société anatomique et de la Société clinique.

PARIS
V.-A. DELAHAYE ET Co, LIBRAIRES-ÉDITEURS
Place de l'École-de-Médecine.

1878

DE

L'ICTÈRE HÉMAPHÉIQUE

PRINCIPALEMENT

AU POINT DE VUE CLINIQUE

PAR

Le Dr L. DREYFUS-BRISAC,
Ancien interne des hôpitaux de Paris,
Lauréat de la Faculté de médecine de Strasbourg,
Membre de la Société anatomique et de la Société clinique.

PARIS
V.-A. DELAHAYE ET Cie, LIBRAIRES-ÉDITEURS
Place de l'Ecole-de-Médecine.

1878

DE

L'ICTÈRE HÉMAPHÉIQUE

PRINCIPALEMENT

AU POINT DE VUE CLINIQUE

INTRODUCTION HISTORIQUE

Malgré les conquêtes faites par la science contemporaine dans le domaine de la physiologie du foie et de la chimie des pigments, la pathogénie de certains ictères n'en reste pas moins aujourd'hui encore fort obscure. Car la théorie de la résorption biliaire, qui rend compte dans bien des cas de la production de la jaunisse, ne saurait être invoquée pour expliquer la genèse des ictères survenus dans les maladies où les voies biliaires sont perméables et où il n'existe aucun obstacle à l'écoulement de la bile.

Sur cette question on se trouve toujours en présence des deux opinions qui de tout temps se sont partagé les esprits : pour les uns l'ictère est dû à une perturbation de la sécrétion hépatique, pour les autres à une altération du sang.

Il est à peine besoin de rappeler les théories de Darwin, d'Andral, de Watson, de Budd et de tant d'autres médecins, théories qui rattachent l'ictère aux troubles sécrétoires du foie mais reposent sur une interprétation erronée des fonctions de cet organe. Pour ces savants, en effet, le foie joue le rôle d'un filtre qui sépare du sang les éléments de la bile qui y existent tout formés. Leur accumulation dans le liquide sanguin, lorsque l'organe hépatique ne fonctionne plus qu'imparfaitement, donne lieu à l'ictère. Le dernier coup a été porté à cette théorie par les expériences restées classiques de Müller, de Kunde, et surtout de Moleschott, qui ont prouvé d'une part que le sang ne renferme pas à l'état normal les éléments constituants de la bile, d'autre part que le foie préside à la sécrétion biliaire.

Dans ces derniers temps cette théorie a été rajeunie, adaptée pour ainsi dire par Harley (1) aux données de la physiologie contemporaine. Pour lui, s'il est vrai que la plupart des principes de la bile ne se forment pas dans le sang, il n'en est pas de même de son pigment : à l'état normal le foie ne ferait que séparer du sang cette matière colorante : la suppression de cette fonction aurait pour conséquence l'accumulation du pigment biliaire dans le sérum sanguin et par suite la coloration jaunâtre des tissus.

Cette doctrine, adoptée par Bamberger (2), prête le flanc à d'aussi graves objections que la précédente : tout porte à croire en effet que le foie intervient dans la formation des divers principes constituants de la bile, pigments aussi bien qu'acides. De plus, comme nous le verrons, ce n'est pas toujours la biliphéine (3) qui imprègne urines et tissus, mais souvent un pigment dérivé comme elle de l'hémoglobine et représentant une phase de transformation moins complète de cette matière colorante.

(1) Harley. Jaundice, London, 1875.

(2) Bamberger. Handb. der Pathol. und Therapie, VI.

(3) Nous désignerons dans ce travail avec M. le professeur Gubler, sous le nom de biliphéine, les pigments biliaires considérés en général (biliverdine, biliprasine, bilihumine, etc.)

Toutefois ces théories ne nous semblent pas entièrement erronées, en ce sens qu'elles invoquent, et à juste titre, les troubles de la sécrétion hépatique pour expliquer la pathogénie de certains ictères.

Aussi vieilles que la science même, les théories qui attribuent la jaunisse à une altération du sang se sont perpétuées à travers toutes les révolutions médicales, mais en acquérant dans ces derniers temps seulement une forme réellement scientifique. Dans le sang, disent les défenseurs de cette doctrine, se produisent à l'état pathologique, sans intervention du foie, des substances identiques ou analogues aux principes de la bile, qui donnent lieu à l'ictère. Là encore, au milieu d'assertions condamnées par la physiologie moderne, semble se trouver pour ainsi dire un pressentiment de la réalité.

Sans doute on ne peut plus dire avec Galien que le sang se transforme en bile, ni voir avec Grant (1) le suc biliaire dans la partie jaune du sérum : mais déjà Bianchi (2) se rapproche plus de la vérité quand il affirme que la teinte ictérique reconnaît pour cause soit une dissolution trop rapide des hématies, soit une altération du foie.

Il y a aussi quelque chose de fondé dans cette formule un peu vague de Sénac (3) : « la partie rouge du sang forme la matière propre de la bile. »

Plus tard Breschet (4), à qui l'on doit des recherches intéressantes sur les pigments, émettait, avec réserve du reste, une opinion plutôt exagérée qu'erronée, lorsqu'il supposait que l'ictère était occasionné moins par la bile que par le sang.

Enfin, si nous en jugeons par ces lignes que nous repro-

(1) Grant. Obs. on the fevers, t. I.
(2) Bianchi. Historia hepatica, etc., 1725.
(3) Sénac. De recondita febrium, natura p. 25.
(4) Breschet. Journal de Magendie, 1821.

duisons d'après Frerichs, « la teinte ictérique est la suite d'une modification maladive des principes constituants du sang portée sur le sérum. » Dubreuil (1), de Montpellier, se rallia à son tour à la doctrine de l'ictère hématique.

Toutes ces théories se ressentent de l'insuffisance de notions exactes sur le mode de formation de la bile et manquent par suite de précision scientifique.

Dans ces dernières années la théorie de l'ictère sanguin a pris corps à mesure que s'éclaircissait le problème physiologique, que M. le professeur Gubler (2), que Virchow (3), Zenker et Funke (4), eurent signalé et mis en évidence l'analogie remarquable qui existe entre les pigments sanguin et biliaire. De cette époque datent trois interprétations nouvelles de la pathogénie de l'ictère, qui toutes ont compté ou comptent aujourd'hui encore de nombreux partisans et à ce titre méritent d'être discutées. Frerichs et Kühne ont attaché leur nom aux deux premières : à notre savant et cher maître M. le professeur Gubler revient l'honneur d'avoir établi la théorie de l'*hémaphéisme* et comme corollaire celle de l'ictère *hémaphéique*.

Pour Frerichs (5), l'ictère reconnait trois causes : 1° La rétention de la bile (*ictère biliphéique de M. Gubler*).

2° Les troubles de la circulation hépatique et par suite la diffusion anormale de la bile (hypothèse assez vraisemblable, qui suffit à expliquer peut-être quelques cas de jaunisse).

3° Des troubles de la transformation de la bile et la diminution de la quantité consommée dans le sang (*théorie des chromogènes*).

(1) Dubreuil. Ephém. médic. de Montpellier, 1826.

(2) Gubler. Soc. de biologie, 1859.

(3) Virchow. Archiv. für pathol. Anat., t. I.

(4) Zenker und Funke. Lehrbuch der physiol. chem., t. I.

(5) Frerichs. Traité pratique des maladies du foie, 1866, p. 85 et suivantes.

A l'état normal, dit Frerichs, les acides biliaires se transforment dans le sang en pigment et en matière chromatogène identique au pigment biliaire, mais qui n'apparaissent dans les urines qu'après avoir été modifiés par l'action continue des sources oxygénantes et après avoir perdu les principales qualités du pigment biliaire : celui-ci, au contraire, s'y montre avec des caractères de plus en plus tranchés, à mesure que sous l'influence de certaines causes particulières le travail d'oxydation devient plus imparfait et l'afflux des acides de la bile plus considérable.

Cette conception de l'ictère hématique est-elle admissible? Et d'abord les faits physiologiques sur lesquels elle s'appuie sont-ils incontestables? On connait l'expérience fondamentale de Frerichs : chez les animaux, après injection dans le sang de solutions incolores d'acides biliaires, se produit une teinte ictérique des téguments alors que les urines ne renferment plus d'acides biliaires, d'où cette conclusion que ceux-ci peuvent se transformer en pigment. Mais, comme le fait remarquer M. le professeur Vulpian (1), cette expérience est loin d'être probante, car Frerichs introduisait ainsi dans la circulation des matières qui peuvent agir sur le foie et y déterminer des troubles fonctionnels suivis d'ictère. Du reste Kühne (2) et d'autres physiologistes répétant l'expérience de Frerichs sont arrivés à des résultats contraires. Aussi croyons-nous bien justifiée cette conclusion de M. Vulpian : tout dans la théorie de Frerichs, au point de vue physiologique, reste à démontrer.

Cliniquement elle ne peut être soumise à la critique, car Frerichs ne cherche pas à préciser dans quelles conditions morbides se produit cette variété d'ictère ; il se borne à donner la description d'urines que l'on observe dans ces

(1) Vulpian. Cours fait à la Faculté de médecine de Paris, 1874.
(2) Kühne. Archiv. für pathol. anat., t. XIV.

cas. Par exemple, il décrit des urines couleur de rubis qui par l'addition d'acide nitrique prennent une coloration rouge de sang. D'autres fois, dit-il, l'urine est brune, « mais mise en contact avec l'acide nitrique, elle ne subit qu'imparfaitement de transformation dans sa couleur (1). » Comment, après avoir assigné ces caractères au produit de la sécrétion rénale, peut-il affirmer qu'elle renferme de la bile, alors que la réaction caractéristique du pigment biliaire, la coloration en vert par l'acide nitrique, fait défaut? Du reste Frerichs trahit en quelque sorte son embarras lorsqu'il en vient à s'exprimer ainsi : « On peut démontrer dans l'urine des nuances très-variées de ce même pigment (*le pigment biliaire*), et dans cette série dont les degrés sont si rapprochés il serait fort difficile de fixer des limites précises entre le pigment biliaire et la matière colorante de l'urine (2). » Pour nous, l'explication est tout autre : la coloration anormale est due non au pigment biliaire, mais à ces pigments que nous aurons à étudier sous le nom d'hémaphéine.

Nous n'insisterons pas davantage sur cette discussion, car la théorie de Frerichs, malgré la légitime autorité qui s'attache au nom de ce savant, ne semble plus guère trouver de défenseurs.

Il n'en est pas de même de la théorie que Kühne a cherché à substituer à celle de Frerichs. Kühne admet que dans certains cas les acides biliaires sont résorbés en totalité dans l'intestin, y exercent leur action dissolvante sur les globules sanguins et que l'hémoglobine, mise en liberté, se transforme dans le sang même en pigment biliaire. Or si l'action des acides biliaires sur les hématies est incontestable, problématique est leur résorption en nature dans

(1) Frerichs. Loc. cit., p. 94.
(2) Frerichs. Loc. cit., p. 94.

l'intestin, problématique également la formation de la biliphéine dans le sang; car les expériences de Kühne ont trouvé des contradicteurs dans Neukomm, Röhrig (1), Huppert (2).

Ainsi, contestables au point de vue physiologique, à peine étudiées au point de vue clinique, ces théories ne sauraient être considérées comme définitives.

Nous croyons que pareilles objections ne sauraient être adressées à la théorie de l'hémaphéisme formulée pour la première fois, en 1857, par notre maître (3). Depuis cette époque, plusieurs de ses élèves, entre autres E. Michel (1868), Durante (1862), Nisseron (1869), Rousseau (1875), Alb. Robin (1877) ont étudié quelques points de cette question, toujours à l'étude dans le service de Beaujon, ou ont indiqué les réactions de l'hémaphéine dans leurs travaux urologiques. Mais jamais cette théorie n'a été exposée dans son ensemble. Aussi n'est-elle qu'imparfaitement ou inexactement reproduite par la plupart des auteurs qui se sont occupés de la pathogénie de l'ictère (4).

Pour nous, convaincus que bien des objections, nées d'une conception erronée de la théorie de l'hémaphéisme, tomberaient devant une exposition plus complète de cette doctrine qui a acquis désormais droit de cité dans la science, nous chercherons dans ce travail à faire voir que, s'appuyant sur les enseignements de la physiologie, elle trouve chaque jour sa justification dans l'observation clinique.

(1) Röhrig. Arch. für physiol. Heilk, 1863.

(2) Huppert. Eod. loc., 1865.

(3) Gubler. Soc. méd. hôp., août 1857.

(4) Nota. — La rédaction de ce travail était achevée, lorsque parut l'article *Foie* du Dictionnaire encyclopédique. M. le Dr Rendu y expose avec une remarquable netteté la théorie de l'hémaphéisme et réfute les principales objections qu'on lui a opposées.

C'est à ce dernier point de vue surtout que nous l'étudierons.

Que notre cher maître reçoive ici l'hommage de notre profonde reconnaissance pour les conseils qu'il n'a cessé de nous prodiguer et qui nous ont toujours guidé dans nos recherches (1).

CHAPITRE I.

THÉORIE DE L'HÉMAPHÉISME ET DE L'ICTÈRE HÉMAPHÉIQUE.

Il existe pour M. le professeur Gubler deux modes de production de l'ictère : la jaunisse reconnaît, en effet, pour cause soit la rétention biliaire (*ictère biliphéique*), soit une transformation anormale du pigment sanguin (*ictère hémaphéique*).

Depuis sa communication de 1857 à la Société médicale des hôpitaux, où se trouvait pour ainsi dire ébauchée la théorie de l'hémaphéisme, notre maître ne cessa dans son service de Beaujon de la soumettre au double contrôle de la physiologie et de la clinique. Il fut ainsi conduit à reconnaître aux troubles sécrétoires du foie, aussi bien qu'aux altérations du sang, un rôle dans la pathogénie de cette variété d'ictère qui est une manifestation symptômatique assez fréquente d'une altération toute spéciale du pigment sanguin, de l'*hémaphéisme*.

Que nous apprend la physiologie sur les pigments et la sécrétion biliaire ? On admet aujourd'hui que le pigment biliaire tire son origine de la matière colorante du sang mise en liberté par suite de la destruction continuelle des vieux globules rouges. Cette manière de voir se fonde surtout : 1° sur les travaux de Gubler, Virchow, Zenker et

(1) La rédaction de ce travail était achevée lorsque parut l'article Foie du Dict. Encyclop. — M. le Dr Rendu y expose avec une grande netteté la théorie de l'hémaphéisme et combat les principales objecions qu'on lui a opposées.

Funke, qui établissent des analogies remarquables entre la bilifulvine et l'hématocristalline des extravasats sanguins ; 2° sur l'apparition de la biliphéine dans les urines après injection dans le sang d'acides biliaires destructeurs des hématies ; 3° sur les recherches d'anatomie comparée qui montrent une étroite relation à ce point de vue entre l'hématine, l'hémoglobine et la biliphéine (Sorby) (1).

Mais où se fait cette transformation du pigment sanguin en pigment biliaire? Est-ce dans le sang, est-ce dans le foie? Moleschott, en démontrant l'absence d'acides et de pigment biliaires dans le sang de grenouilles à qui il avait enlevé le foie depuis plusieurs semaines, a fourni un argument décisif en faveur de la seconde hypothèse. Cependant, aujourd'hui encore, certains physiologistes, entre autres Hermann, Hoppe-Seyler, Tarchanoff, admettent que cette transformation peut également avoir lieu dans le sang, opinion énergiquement combattue par Steiner et Naunyn et qui est encore sujette à caution.

Ainsi à l'état physiologique, l'hémoglobine, provenant de la diminution globulaire, se transforme en pigment biliaire, et trouve dans la bile, humeur éminemment excrémentitielle, une voie d'élimination assurée.

Ceci posé, que se passe-t-il à l'état pathologique? Voici en quels termes M. Gubler formule habituellement sa manière de voir.

Qu'il y ait, sous une influence morbide quelconque, à la suite d'un empoisonnement par exemple, une destruction trop rapide des globules sanguins, le foie deviendra impuissant à transformer toute l'hémoglobine ainsi mise en liberté en biliphéine. Ne trouvant plus, dès lors, dans la bile une voie d'élimination assurée, la matière colorante du

(1) Sorby. Quart. Journ. microsc. sc., 1876.

sang s'accumulera dans le sérum, non sans subir diverses modifications à travers le torrent circulatoire.

C'est à ces pigments qui se produisent à l'état pathologique et qui dérivent de l'hémoglobine incomplètement élaborée, que nous donnerons le nom d'*hémaphéine*, et nous appelons *hémaphéisme* l'accumulation de l'hémaphéine dans le sérum sanguin.

L'hémaphéisme peut également se produire quand la dénutrition globulaire n'étant pas exagérée, le foie est subitement ou profondément atteint dans son activité sécrétoire, à la suite soit de lésions organiques hépatiques, soit de troubles circulatoires et nerveux.

Ainsi l'hémaphéisme est sous la dépendance de deux causes qui souvent, du reste, exercent simultanément leur action.

1° DÉGLOBULISATION EXAGÉRÉE, en d'autres termes, *insuffisance hépatique relative*. Hémaphéisme des fièvres franchement inflammatoires, des accès fébriles, des affections bilieuses ou hématuriques des pays chauds, du début de la fièvre jaune, de certains empoisonnements (*Substances toxiques ou virus*).

2° ALTÉRATION FONCTIONNELLE DU FOIE, (*insuffisance hépatique absolue*. Lésions organiques du foie (*cancer*, *cirrhose*, *stéatose*) ; troubles circulatoires (*stase cardiaque*, *congestion alcoolique*) ; perturbations nerveuses (*colique de plomb*).

L'hémaphéisme de la première variété est généralement plus intense, parce qu'il y a souvent alors sous l'influence

(1) NOTA. — L'hémaphéine paraît avoir été entrevue par Primavera (Man. de chim. clin., 1873), qui lui donne le nom de pigment biliaire imparfait. C'est elle probablement qui forme, au moins en partie, les masses jaunes trouvées par MM. Parrot et Alb. Robin dans les urines des nouveau-nés ictériques (V. ictère des nouveau-nés).

d'accidents aigus une sorte de surprise du foie et que la déglobulisation, donnant lieu à un afflux considérable d'hémoglobine, marche beaucoup plus vite que l'action excrémentitielle.

Ainsi la meilleure définition que l'on puisse donner de l'hémaphéine est, en se tenant au point de vue de la physiologie pathologique, la suivante : c'est le *pigment de l'insuffisance hépatique*. Notre maître ne prête donc pas aujourd'hui à cette expression le même sens que Simon. Cet auteur, en effet, désignait sous ce nom une matière colorante du sérum sanguin qu'il avait cru isoler et que personne n'a retrouvée après lui.

L'hémaphéine est donc définie plutôt par les conditions pathologiques qui lui donnent naissance que par sa composition chimique. Multiples et variables dans leur intensité sont les causes de l'hémaphéisme, variable sans doute est la composition moléculaire précise de ce ou de ces pigments pathologiques.

Car il faut tenir compte jusqu'à un certain point de l'oxydation qui s'effectue dans le torrent circulatoire sur l'hémaphéine, et qui est plus ou moins entravée dans maintes circonstances morbides, par exemple à la suite des phlegmasies aiguës des voies respiratoires. C'est un point sur lequel Frerichs avait déjà attiré et à juste titre l'attention (1).

Mais si nous ne pouvons donner une formule chimique exacte de l'hémaphéine, si nous sommes amené à croire qu'il faut désigner sous ce nom une série de pigments provenant de la dégradation plus ou moins profonde de l'hémoglobine, il n'en est pas moins certain, comme nous le verrons, que l'hémaphéine présente des réactions caracté-

(1) Frerichs, Loc. cit., p. 95.

ristiques qui permettent de la différencier du pigment biliaire.

Mais ne doit-on voir dans l'hémaphéine que la matière colorante de l'urine en excès, comme le disent plusieurs auteurs compétents, MM. Bouchard (1) et Lécorché (2) entre autres? C'est là une question difficile à résoudre et que nous aborderons dans notre chapitre d'urologie. La solution de ce problème n'a du reste qu'une importance secondaire : car l'urochrome ayant également pour origine le pigment sanguin, la production en excès de cette matière colorante ne peut être attribuée à une autre cause que celle de l'hémaphéisme, à savoir une dénutrition globulaire trop active ou trop rapide.

Ainsi comprise, la théorie de M. Gubler se rapproche de celle de Harley et de Bamberger. Ces auteurs admettent en effet avec lui qu'il peut se former aux dépens de l'hématine des pigments pathologiques susceptibles de produire une coloration ictérique du sérum et des tissus. Mais, contrairement à leur opinion, nous croyons que dans ce cas il ne se forme pas de pigment biliaire, et en outre nous faisons souvent intervenir dans la pathogénie de l'hémaphéisme les altérations sécrétoires du foie.

Que devient l'hémaphéine accumulée dans le sérum sanguin? Elle s'élimine par les diverses voies excrémentitielles : d'où des manifestations symptomatiques variables.

La première, qui ne fait jamais défaut, est une coloration toute spéciale des urines qui acquièrent des caractères physiques et chimiques réellement pathognomoniques. Quand l'hémaphéisme n'est pas trop accentué et que la sécrétion rénale suffit à l'élimination de son pigment, il ne donne lieu à aucun autre phénomène morbide.

(1) Bouchard. Leçons professées à la Charité. Gaz. hebd., 1873.
(2) Lecorché. Traité des maladies des reins, 1875.

D'autres fois c'est par les glandes sudoripares, c'est par l'intestin que s'élimine l'hémaphéine ; des sueurs copieuses, des selles abondantes, fortement chargées en couleur, suppléent la sécrétion hépatique insuffisante. C'est ce qui se passe dans plusieurs affections où l'hémaphéisme est constant, dans le rhumatisme articulaire aigu par exemple. Mais que l'hémaphéisme soit intense ou se produise avec une grande rapidité, que les glandes rénales, sudoripares, intestinales ne remplissent qu'incomplètement leur rôle *de vicaires du foie*, ce n'est plus seulement dans les urines qu'apparaît le pigment pathologique : il imprégnera les téguments cutanés et les organes profonds en leur donnant une coloration jaunâtre comparable à celle qui caractérise l'ictère vulgaire, l'ictère bilieux. Ainsi se produit *l'ictère dit hémaphéique*, la manifestation symptomatique la plus complète de l'hémaphéisme.

Aussi, tandis que dans diverses maladies, grâce à l'abondance de certaines sécrétions, le pigment ne vient qu'exceptionnellement colorer les téguments cutanés, dans d'autres au contraire on peut voir se dérouler successivement tous les symptômes de l'hémaphéisme. Ainsi dans la cirrhose, en raison de la diarrhée, l'ictère est rare, bien que le foie soit profondément atteint. Dans l'intoxication saturnine aiguë où coexistent les deux facteurs de l'hémaphéisme, dénutrition globulaire et torpeur fonctionnelle du foie décelée par le changement de volume de cet organe, l'hémaphéisme urinaire est constant et l'hémaphéisme cutané, l'ictère, est assez fréquent et plus ou moins prononcé en raison de la sécheresse de la peau et de la paresse de l'intestin. Du reste nous reviendrons plus loin sur ce sujet quand nous exposerons les conditions de production de l'ictère dans l'hémaphéisme.

Nous avons vu que la doctrine de notre maître s'appuyait sur les renseignements de la physiologie moderne. Du reste il semble qu'un auteur allemand, Nasse (1), ait pour ainsi dire réalisé expérimentalement l'hémaphéisme ; après avoir injecté 500 gr. de sang dans l'estomac d'un animal, ce physiologiste dit avoir recueilli des urines dénuées de pigment biliaire mais prenant sous l'influence de l'acide nitrique une coloration rouge brun, présentant en d'autres termes la réaction caractéristique de l'hémaphéine. Nous pouvons aussi signaler des expériences analogues de Poncet (2).

D'ailleurs on a tout récemment insisté sur une autre conséquence des troubles fonctionnels du foie envisagé au point de vue non de la sécrétion biliaire mais de son rôle glycogénique. On sait en effet, depuis les recherches de M. Cl. Bernard, que l'intervention du foie à l'état normal empêche l'apparition du sucre alimentaire dans les urines. On en conclut *a priori* que lorsqu'il existe des troubles profonds de la circulation hépatique et par suite de son activité fonctionnelle, le sucre n'étant plus fixé dans le foie sous forme de glycogène, il peut se produire une glycogénie alimentaire. Aussi MM. Colrat, Couturier (3), et plus tard M. Lépine (4), provoquèrent-ils un diabète artificiel en administrant une notable quantité de sucre à des individus atteints de cirrhose ou de pyléphlébite.

Mais, admissible au point de vue physiologique, la théorie de l'hémaphéisme trouve-t-elle sa justification dans l'observation clinique ? C'est à le prouver que nous nous sommes attaché et la voie que nous avions à suivre dans ce but nous était pour ainsi dire tracée à l'avance.

De la comparaison des urines hémaphéiques avec les urines bilieuses, de l'étude de l'ictère coïncidant avec l'apparition de ces urines découlera cette conclusion qu'il existe

(1) Nasse. Sitzungsber. der Marb. Gesellsch, 1875, nº 2.
(2) Poncet. De l'ictère hématique traumatique. Thèse P., 1874.
(3) Couturier. Thèse Paris, 1875.
(4) Lépine. Comptes-rendus de la Soc. de biol., 1876.

une variété de jaunisse indépendante de la résorption biliaire, et relevant de l'hémaphéisme. D'autre part l'analyse des conditions pathologiques qui donnent naissance à l'ictère hémaphéique et des maladies où l'on peut l'observer nous permettra d'affirmer qu'il reconnaît toujours pour cause soit une déglobulisation exagérée, soit une altération fonctionnelle du foie, soit enfin ces deux conditions morbides réunies. Nous étudierons donc successivement :

1° Les caractères physiques et chimiques des urines hémaphéiques.

2° Les symptômes, la marche, le diagnostic de l'ictère hémaphéique en général.

3° L'ictère hémaphéique en particulier dans quelques maladies où nous avons pu l'observer.

CHAPITRE II.

DES URINES HÉMAPHÉIQUES.

Lorsqu'on lit les ouvrages qui traitent de l'ictère, on voit les auteurs qualifier de « bilieuses » des urines de colorations dissemblables et qui ne prennent pas, sous l'action de l'acide nitrique, cette teinte verte caractéristique du pigment biliaire. C'est ainsi que Frerichs, ainsi que nous l'avons déjà fait remarquer, signale dans certains cas d'ictère la production d'urines dans lesquelles il affirme la présence de la matière colorante biliaire, bien que l'acide nitrique les fasse passer non au vert, mais au bleu, au violet, au rouge sombre. Ce sont bien là les urines hémaphéiques, avec ou sans indican, qui sont souvent excrétées alors que les téguments, les produits de sécrétion, enfin la sérosité épanchée dans les cavités closes prennent une coloration jaunâtre.

Passons donc en revue les caractères physiques et chimiques des urines hémaphéiques, en nous attachant à les différencier des urines bilieuses (1).

Coloration. — La coloration suffit souvent pour le médecin habitué aux recherches urologiques à diagnostiquer l'hémophéisme. Que de fois, en effet, n'avons-nous pas vu notre maître, s'approchant du lit d'un ictérique, reconnaître, avant tout interrogatoire, à ce seul signe, que la jaunisse relevait de l'hémaphéisme! L'urine hémaphéique est d'un *jaune ambré*, avec une teinte brunâtre plus ou moins accentuée. Du reste cette coloration varie selon la proportion d'hémaphéine contenue dans les urines.

Lorsqu'on agite le vase qui les renferme on ne distingue à la surface que des reflets *jaune rougeâtre* et légèrement brunâtres. Au contraire l'urine biliphéique, d'un jaune doré ordinairement, présente toujours par l'agitation des reflets *verdâtres.*

La première possède un pouvoir tinctorial faible et laisse sur les linges des taches *jaune rougeâtre* d'une couleur que M. Gubler compare très-heureusement à celle du melon ou du saumon pâle. La seconde jouit d'une puissance colorante beaucoup plus grande et les linges qu'elle imprègne prennent une coloration jaune *verdâtre* très-accusée, entièrement différente. La dessication

(1) NOTA. — Cherchant dans ce chapitre à faire de l'urologie clinique, nous n'employons que les réactifs usuels. Nous n'indiquons pas à proprement parler les réactions de l'hémaphéine, mais celles des urines hémaphéiques, où ce pigment est associé à l'urochrome. Nos recherches nous ont, du reste, conduit à des résultats à peu près conformes à ceux qu'ont indiqués les élèves de M. Gubler, nos devanciers. (Voir thèses de Nisseron, 1869; Rousseau, 1875; et surtout le remarquable travail d'Alb. Robin, 1877.

de ces taches ne fait qu'accentuer ces caractères distinctifs, et lorsqu'on fait tomber une goutte d'acide azotique sur le linge, il se forme, alors seulement que les urines sont bilieuses, une auréole verdâtre très-nette. Aussi cet examen suffirait-il à la rigueur pour permettre d'affirmer qu'il y a ou non de la biliphéine dans les urines. Cependant, dans quelques cas, il n'est pas possible de se prononcer, alors surtout que les deux pigments coexistent : ce qui se produit assez fréquemment dans la dernière période de l'ictère biliphéique. (*Ictère mixte* de M. Gubler.)

Réaction de l'acide nitrique. — Lorsque par le procédé aujourd'hui bien connu de M. Gubler on verse lentement de l'acide nitrique le long des parois d'un verre rempli d'urine aux deux tiers de sa hauteur, celle-ci, quand elle est normale, prend une coloration rose de Chine. Lorsqu'au contraire elle renferme de l'hémaphéine sans autres chromatogènes ou pigments pathologiques, l'urine dans la moitié inférieure du verre acquiert une coloration *rouge brunâtre* d'une intensité variable, que M. Gubler compare aux veines sombres de l'acajou vieilli ; d'autres fois se développe une teinte rubis très-nette. Au contraire dans les urines biliphéiques l'acide nitrique produit une coloration verte, passant successivement par une série de teintes dans l'ordre du prisme : bleu, violet, rouge ; *gamme* du pigment biliaire que l'on n'observe jamais dans les urines hémaphéiques.

Ainsi, on le voit, l'acide nitrique est loin d'avoir la même action sur les deux variétés d'urines ictériques. Dira-t-on que, dans certains cas, la matière colorante de la bile éprouve de telles modifications qu'elle est devenue incapable de subir en présence de l'acide azotique la série d'oxydations qui la font passer successivement au bleu, au violet, au rouge, au vert ? Mais, pour me servir des expressions de

M. Gubler, cette réaction est un caractère essentiel de la bile, et à moins d'observations concluantes établissant la possibilité de son absence dans la biliphéine modifiée, on n'est pas autorisé à s'en passer pour diagnostiquer ce principe immédiat.

Du reste l'acide nitrique produit dans les urines bilieuses un précipité de résine biliaire, tandis qu'il laisse leur transparence aux urines hémaphéiques, à moins qu'elles ne renferment de l'albumine. Dans ce dernier cas l'emploi de l'alcool lèvera tous les doutes, car il dissout le précipité biliaire, et est sans action sur le nuage albumineux.

Action de la teinture d'iode. — La teinture d'iode qui décèle les moindres traces de pigment biliaire par la coloration verte qu'elle donne aux urines, ne modifie pas d'ordinaire la teinte des urines hémaphéiques. Cependant parfois qnand on ajoute un très-grand excès de ce réactif, on peut voir le liquide prendre une coloration vert pâle, lorsqu'il est extrêmement riche en hémaphéine (?)

Action de l'acétate de plomb. — Lorsqu'on verse de l'acétate de plomb dans les urines bilieuses il se forme un précipité jaune foncé et celles-ci sont presque entièrement décolorées. Au contraire la teinte de l'hémaphéine est peu modifiée par l'addition de ce réactif et le précipité est à peine coloré. (*A. Robin.*)

Action du chloroforme et de l'éther. — Les deux pigments ictérogènes sont dissous par ces réactifs, mais surtout la biliphéine : ou plutôt celle-ci, en raison de son pouvoir tinctorial considérable, leur donne une teinte jaune très-nette, tandis qu'il faut une certaine quantité d'hémaphéine pour donner à ces dissolvants une nuance jaune rosée appréciable ; ce ne sont là du reste que des différences difficiles à saisir et partant sans grande valeur diagnostique.

Mais si l'on décante le culot chloroformique et qu'on l'arrose avec deux ou trois gouttes d'acide azotique nitreux l'hémaphéine deviendra rose, tandis que la biliphéine passera d'abord au vert, puis au rouge. (*Alb. Robin.*)

On ne saurait, on le voit, confondre ces deux variétés d'urines ictériques. Cependant il faut signaler ici deux faits qui ont pu souvent induire en erreur :

1° Il peut arriver que l'urine sous l'action de l'acide nitrique prenne une teinte intermédiaire entre le rouge brun et le vert, *teinte feuille morte* de M. Gubler. C'est la réaction caractéristique de *l'ictère mixte*.

2° Lorsque l'urine renferme à la fois de l'hémaphéine et de l'indican (*chromatogène du bleu*) l'acide nitrique lui donne une teinte verdâtre due au mélange du jaune avec le bleu, ou violette si c'est surtout du rouge qui se combine au bleu. Dans ce cas l'éther permet de reconnaître la véritable nature du pigment : il dissout surtout le bleu ; dès lors les urines hémaphéiques perdent cette coloration verdâtre qui pourrait les faire prendre pour des urines bilieuses. Ainsi lors que l'acide nitrique colore les urines en vert sans produire les teintes intermédiaires, il faut, avant d'affirmer qu'elles renferment de la bile, s'assurer qu'il n'y a pas coexistence de l'hémaphéine et de l'indican. C'est une précaution qu'il importe de ne pas négliger, alors surtout qu'il existe de l'entérorrhée, symptôme qui doit toujours faire prévoir la présence de l'indican dans les urines.

Nous venons ainsi de passer en revue les réactifs dont l'emploi permet de différencier les urines hémaphéiques. Cliniquement il n'est pas nécessaire de faire appel à tous ces éléments diagnostiques. La coloration des urines, du linge, enfin la réaction de l'acide nitrique suffisent pour reconnaître la nature du pigment qui colore les urines. Mais pour nous, multiplier les réactions c'était le meilleur moyen de démontrer un fait capital ; *l'existence, dans certains cas d'ictère, d'urines ne renfermant pas de pigment biliaire.*

D'après les caractères des urines hémaphéiques on voit qu'il est impossible de les confondre avec celles qui renferment la matière colorante du séné ou de la rhubarbe et qui du reste ressemblent surtout aux urines bilieuses. La coloration rouge si intense que leur donne la potasse caustique suffit à faire reconnaître ces dernières. (*Gubler.*)

Quant aux urines sanglantes, elles se distinguent par leur opacité, leur coagulation constante sous l'action de la chaleur et enfin la présence des globules sanguins dans les dépôts urinaires.

Mais ici se pose une question que nous avons déjà soulevée. S'il est acquis que les urines hémaphéiques ne renferment pas de pigment biliaire, peut-on affirmer qu'elles contiennent une matière colorante anormale? Ne pourrait-on pas soutenir avec MM. Bouchard, Lecorché, Vogel, que ces réactions sont dues à l'augmentation pathologique du pigment urinaire normal, de l'urochrome? La teinte foncée des urines n'est-elle pas la conséquence du peu d'abondance de la sécrétion rénale?

Pour nous, sans nous prononcer d'une manière absolue, nous ne croyons pas pouvoir adopter cette opinion. Sans doute les réactions de l'urochrome et celles de l'hémaphéine présentent de nombreux points de contact; chose qu'il était aisé de prévoir *a priori* puisque toutes deux sont des produits dérivés de l'hémoglobine. Mais s'il est vrai que les urines hémaphéiques ne sont autre chose que des urines très-concentrées, en les étendant d'eau on doit arriver à produire par l'action de

(1) Gubler. Journal de thérap., 1874.

l'acide nitrique la teinte rose de Chine de l'urine normale. Or il n'en est rien, et l'on obtient par cette expérience si simple une teinte rougeâtre, toujours nuancée de brun, en d'autres termes hémaphéique peu accusée. D'autre part la clinique nous apprend que la sécrétion rénale peut devenir très-abondante sans que les urines soient moins hémaphéiques. Nos observations en fourniront plusieurs exemples (obs. xxx, par exemple).

Enfin nous avons vu que l'éther dissolvait l'hémaphéine en prenant une coloration jaunâtre, peu prononcée d'ordinaire il est vrai, en raison du faible pouvoir tinctorial de ce pigment, mais quelquefois assez nette, quand l'urine est très-riche en hémaphéine. Jamais on n'obtient cette réaction avec l'urochrome.

Dans les pyrexies franches, il y a évidemment accumulation de l'urochrome dans les urines en même temps qu'hémaphéisme. Malgré l'intensité de la coloration urinaire les réactions hémaphéiques ne sont pas très-accusées. L'intensité de la couleur n'est donc pas exactement en rapport avec la proportion de l'hémaphéine (pneumonies, érysipèle).

Ainsi nuance rouge-brun de l'urine traitée par l'acide azotique, coloration jaunâtre de l'éther, voilà deux réactions qui n'appartiennent pas au pigment urinaire même en excès et qui semblent démontrer l'existence dans les urines dites hémaphéiques d'une matière colorante spéciale.

Il nous reste à dire deux mots des autres principes anormaux qu'on peut rencontrer dans les urines hémaphéiques.

Nous avons vu qu'on y trouvait assez fréquemment le chromatogène de l'*indigose* urinaire, l'*indican*, et que la coloration verte que produit dans ce cas l'acide azotique peut faire croire à tort à la présence du pigment biliaire.

Quant à l'*albumine*, elle est loin d'être rare dans les urines hémaphéiques, ainsi que l'a établi M. le professeur Gubler, dans son remarquable article *Albuminurie* du Dictionnaire encyclopédique. On comprend aisément que par suite de la fonte des hématies il y ait excès de protéine globulaire dans le sang, ce qui doit souvent donner lieu à un diabète leucomurique plus ou moins intense. La fièvre jaune, dont l'ictère parait être, du moins pendant la première période, sous la dépendance de l'hémaphéisme, nous fournirait l'exemple le plus net de cette variété d'albuminurie, à laquelle on peut donner avec notre maître le nom d'*Albuminurie globulaire*. « D'une manière générale on peut dire que l'ictère hémaphéique présente à peu près les mêmes particularités que la jaunisse bilieuse, en ce sens que la proportion d'albumine est faible ou forte selon l'intensité de l'affection qui à donné lieu à la coloration anormale des téguments, ou plus exactement selon l'intensité des phénomènes généraux qui l'accompagnent. » (Gubler.)

Quant aux autres principes normaux ou pathologiques qu'on peut trouver dans les urines hémaphéiques, urée, sels, etc., trop variées sont les causes de l'hémaphéisme pour que nous puissions à ce sujet formuler des lois. Quelle analogie en effet peut-on établir à ce point de vue entre les urines des fivères et celles de la colique de plomb par exemple?

Enfin la quantité des urines hémaphéiques est également très-variable. En général elle est peu élevée; mais parfois on voit ce chiffre monter au-dessus de la normale par une sorte de crise favorable à l'élimination de l'hémaphéine.

CHAPITRE III.

DE L'ICTÈRE HÉMAPHÉIQUE EN GÉNÉRAL.

Symptômes de l'ictère hémaphéique.

Lorsque l'hémaphéine est accumulée dans le sérum sanguin depuis quelque temps, lorsque surtout elle s'est formée tout à coup en très-grande quantité et que les divers produits de sécrétion sont impuissants à l'éliminer, elle imprègne non-seulement les urines, mais encore les téguments cutanés et les organes profonds et leur donne une coloration jaunâtre plus ou moins intense. On est alors en présence d'une variété particulière d'ictère qui, en dehors des réactions des urines sur lesquelles nous venons d'insister, offre des caractères cliniques différents de ceux qui appartiennent à la jaunisse vulgaire, ou ictère biliphéique.

C'est ce que nous allons faire ressortir en mettant en parallèle, au point de vue symptomatique, comme nous l'avons fait pour les urines, les deux variétés d'ictère.

Distribution de l'hémaphéine dans les tissus.—Ici, comme dans tous les cas de jaunisse, ce n'est qu'après que les urines ont acquis les caractères de l'hémaphéisme que la peau prend une coloration jaunâtre. Celle-ci envahit toute l'étendue des tissus cutanés, mais est surtout nette à la face et aux sclérotiques, particulièrement à la périphérie de ces membranes oculaires. Dans les cas les moins prononcés, alorsqu e la coloration de la face est déjà très-nette, celles-ci sont encore indemnes ; mais elles ne tardent pas à être envahies à leur tour. Du reste, en tant que distribution du pigment nous n'avons rien de spécial à signaler.

Quant à l'intensité de cette coloration, elle est très-variable. L'hémaphéine a, nous l'avons déjà dit, un pouvoir tinctorial de beaucoup inférieur à celui de la biliphéine. Aussi est-ce le plus souvent une teinte subictérique, jaune sale, *jaune soufre pâle*, que l'on constate.

Toutefois il peut arriver que la peau présente des reflets dorés qui rappellent les ictères par résorption biliaire les plus accentués. Mais jamais nous n'avons observé d'ictère hémaphéique vert, ce qui s'explique aisément, puisque l'absence de tout reflet verdâtre dans les urines ou sur les linges qu'elles imprègnent permet de soupçonner, d'affirmer même l'hémaphéisme.

Pour nous, nous avons eu deux fois l'occasion de rencontrer une coloration ictérique très-prononcée. Dans le premier cas il s'agissait d'une intoxication saturnine (obs. v), dans le second d'une hépatite contractée dans les pays chauds. Chez ce dernier malade les urines étaient si foncées et la jaunisse si intense que notre maître hésitait à éliminer l'idée d'un ictère bilieux; mais l'examen minutieux des urines permit d'affirmer qu'elles ne renfermaient que le pigment hémaphéique. Du reste, s'il est vrai, comme plusieurs observateurs le prétendent, que l'ictère du début de la fièvre jaune ne soit pas biliphéique, on doit en conclure que les colorations les plus foncées de la peau peuvent se rencontrer dans l'hémaphéisme. De même les recherches de Pellarin et de Louvet sur la fièvre bilieuse hématurique des pays chauds prouvent que dans cette maladie l'ictère exclusivement hémaphéique peut être intense.

Mais, d'une manière générale, on observe plutôt une teinte subictérique, qui pourrait même parfois passer inaperçue à un examen superficiel, si les caractères des urines ne venaient appeler l'attention sur la coloration de la peau. Souvent, d'autre part, celle-ci n'est pas franchement jaune, parce que, soit des troubles circulatoires, soit une cachexie, en modifiant la couleur des téguments, masquent l'ictère.

Les muqueuses sont le plus souvent à peine colorées : toutefois les lèvres et la face inférieure de la langue présentent parfois une teinte jaunâtre très-nette.

Quant aux organes profonds, nos autopsies nous les ont fait voir également imprégnés par le pigment hémaphéique. Du reste, comme dans l'ictère vulgaire, c'est dans les couches profondes du derme qu'il se dépose en leur communiquant une coloration jaune rougeâtre.

L'examen du foie ne nous a donné que des résultats peu concluants : il présente d'ordinaire une teinte jaune brun plus ou moins intense; mais, en raison des modifications plus ou moins profondes de l'organe et de la stase sanguine ordinairement concomitante, pareils résultats ne sauraient avoir rien de probant.

Enfin, il nous a été donné maintes fois de constater l'existence de l'hémaphéine dans le sérum sanguin : c'est ainsi que la sérosité des vésicatoires présente souvent une coloration jaunâtre que l'acide nitrique fait virer au rouge brun : de même pour le liquide ascitique. En outre, M. le professeur Gubler nous a dit avoir également trouvé plusieurs fois cette réaction dans les liquides épanchés dans la plèvre et les autres séreuses.

Les glandes sudoripares prennent une certaine part à l'élimination de l'hémaphéine ; la sueur est jaune et brunit légèrement sous l'influence de l'acide azotique.

Mais c'est lorsqu'on examine l'action du pigment hémaphéique sur les diverses fonctions que les différences entre les deux ictères s'accentuent, et cette étude clinique fournit ainsi la preuve qu'ils ne sauraient être confondus, comme on l'a fait jusqu'ici, dans une description commune.

Innervation. — On sait qu'il est fréquent de rencontrer dans l'ictère vulgaire des symptômes qui témoignent de l'action du pigment biliaire sur le système nerveux. Dans l'ictère hémaphéique rien de semblable. Jamais, en effet, nos malades ne se sont plaints de prurit ou de démangeaisons ; jamais nous n'avons constaté sur leur peau d'éruptions papuleuses ou vésiculeuses. Aussi, lorsque dans le cours d'un ictère ces phénomènes viennent à se produire, peut-on affirmer qu'il est ou a été à l'origine de nature bilieuse. C'est donc un renseignement précieux pour qui, n'ayant pas assisté au début de la jaunisse, ne sait à quelle cause l'attribuer.

Circulation. — Nous n'avons rien à dire de l'exploration thermométrique ; car la température varie évidemment selon la nature de la maladie qui compte l'ictère au nombre de ses symptômes. Quant au pouls, il ne subit pas de modifications sensibles : il ne se ralentit pas, comme cela arrive si fréquemment dans l'ictère biliphéique. Souvent cependant il s'accélère au moment où la jaunisse s'atténue pour bientôt disparaître. Mais ce n'est pas là un phénomène rare dans les convalescences. Dès lors, si le nombre des pulsations s'élève dans cette dernière période, cela ne prouve pas que la fréquence moindre du pouls au moment de la jaunisse puisse être considérée comme pathologique et dépende de l'hémaphéisme. Une fois nous vîmes le pouls tomber à 60 pulsations (obs. XXXIV), et, dans ce cas, il s'agissait d'un ictère hémaphéique consécutif à la stase biliaire, et le sphygmographe ne nous fournit pas le tracé donné par Marey comme pathognomonique de l'ictère.

Appareil digestif. — Nous ne pouvons attribuer à l'hémaphéisme la sensation d'amertume dans la bouche accusée par plusieurs de nos malades : cette perversion du goût tenait sans doute à l'état saburral produit par la maladie dont l'ictère n'était qu'un symptôme. Par la même raison, l'altération plus ou moins profonde des fonctions digestives ne saurait être mise sur le compte de l'hémaphéisme.

Mais cet appareil nous fournit un signe de la plus grande importance diagnostique, *la coloration des matières fécales.*

Jamais, en effet, nous n'avons observé cette décoloration absolue, cette teinte argileuse des selles si fréquente dans l'ictère biliphéique. Les matières fécales sont parfois moins colorées qu'à l'état normal ; cela tient sans doute à ce que la bile est sécrétée en quantité moindre par suite de la torpeur fonctionnelle du foie (cirrhose hépatique). Mais le plus souvent les selles sont plus foncées qu'à l'état normal, et prennent une coloration brunâtre très-marquée sur laquelle les malades appellent parfois l'attention. Alors aussi la partie liquide des fèces est d'une coloration jaune brun qu'il est permis de rapprocher de celle des urines. Souvent, ainsi que nous le faisait remarquer notre maître, les linges et les draps présentent des taches couleur chair de saumon, analogues à celles que produisent les urines hémaphéiques.

Ce sont ces faits que la plupart des auteurs expliquent par une polycholie, encore à démontrer, contre laquelle plaide l'examen des urines. N'est-il pas plus logique d'admettre que les glandes du tube digestif prennent part, aussi bien que les autres appareils sécrétoires, à l'élimination de l'hémaphéine, et que les matières colorantes des selles présentent des altérations pathologiques analogues à celle des autres pigments de l'organisme ?

Du reste, dans les maladies à ictère hémaphéique où la constipation est opiniâtre, la colique saturnine par exemple, les premières selles sont toujours très-colorées, brunâtres et non verdâtres, comme cela devrait arriver en cas de polycholie.

Il existe donc, au point de vue séméiotique, des différences très-nettes entre les deux espèces d'ictère. Mais n'est-ce qu'une question de plus ou de moins? Est-on en droit de soutenir que, si le ralentissement du pouls, les éruptions cutanées, etc., font défaut dans l'ictère hémaphéique, c'est parce qu'il n'y a qu'une petite quantité de pigment biliaire répandu dans les tissus, à en juger par le peu d'intensité de l'ictère? A cette objection, nous répondrons que même dans les ictères hémaphéiques les plus prononcés nous n'avons jamais observé ces phénomènes; en outre, les caractères des selles, et surtout ceux des urines, permettent d'affirmer que le pigment biliaire ne joue aucun rôle dans la pathogénie de ces ictères qui, pour nous, relèvent de l'hémaphéisme.

Marche de l'ictère hémaphéique.

Nous avons vu que la coloration jaunâtre des téguments ne se manifestait qu'après que les urines ont acquis les caractères de l'hémaphéisme. La rapidité avec laquelle se produit l'ictère dépend d'une part de l'élimination plus ou moins active du pigment par les diverses sécrétions, d'autre part de l'intensité de la poussée hémaphéique. Ainsi, quand il y a des évacuations alvines abondantes, des sueurs copieuses, une diurèse exagérée, la jaunisse a peu de tendance à se montrer, ou n'apparaît que tardivement. C'est le cas, par exemple, dans la cirrhose du foie, en raison de la diarrhée et de l'ascite, deux vecteurs de l'hémaphéine. Nous y avons vu une fois (obs. xxv) l'ictère coïncider avec la suppression d'une diarrhée colliquative. Dans la colique de plomb il est de règle que la teinte anormale des téguments s'atténue dès qu'on a triomphé de la constipation.

D'autre part, quand l'hémaphéisme est la conséquence d'accidents aigus, dans les affections *à frigore*, par exemple, ou dans la colique saturnine, quand il y a, pour ainsi dire, *surprise* du foie par un afflux brusque d'hémoglobine, l'ictère apparaît très-rapidement. Cependant, il est tout à fait exceptionnel qu'on le constate le premier jour, tandis que les urines présentent immédiatement la coloration acajou caractéristique.

L'ictère peut rester longtemps stationnaire, du moins dans les affections chroniques; mais le plus souvent il subit des alternatives en plus ou en moins très-nettes, tenant au fonctionnement actif ou à l'inertie des appareils sécréteurs qui servent à l'élimination du pigment : il diminue par exemple quand il se produit une diarrhée abondante, il redevient au contraire plus intense quand celle-ci s'arrête. C'est surtout dans l'ictère dû aux troubles circulatoires du foie que, sous l'influence d'une médication active, on peut assister à des oscillations continuelles de la jaunisse.

Lorsque la maladie qui a donné lieu à l'ictère s'amende ou guérit, on voit les urines reprendre peu à peu leur coloration normale; puis, progressivement, mais avec plus de lenteur, la teinte jaunâtre des téguments s'efface, sur le tronc d'abord, puis à la face. D'autres fois, au contraire, dans les conditions opposées, la jaunisse s'accentue sans acquérir toutefois d'ordinaire une grande intensité, sans jamais donner lieu à ce que l'on appelle un ictère vert. C'est un fait d'observation journalière que l'on pourrait au premier abord invoquer contre la théorie de l'hémaphéisme : il s'explique cependant aisément, car d'un côté l'hémaphéine a un pouvoir tinctorial faible, et de l'autre, à mesure que la maladie se prolonge, que l'hypoglobulie par suite augmente, la déglobulisation portant sur un nombre moins grand d'hématies, la sécrétion rénale peut assurer une élimination presque complète du pigment hémaphéique.

Diagnostic de l'ictère hémaphéique.

Nous n'avons que deux mots à dire à ce sujet : ce sont

les réactions des urines qui permettent d'affirmer la nature de l'ictère. En outre, les signes négatifs fournis par les appareils de l'innervation et de la circulation viennent avec les caractères des selles confirmer le diagnostic.

Cependant on ne doit pas, lorsque les urines sont hémaphéiques, et que la teinte jaune des téguments remonte à une époque assez éloignée, en conclure qu'au début la jaunisse n'a pas eu pour origine la rétention biliaire. On voit en effet parfois à la suite de l'ictère biliphéique, comme nous le montrerons plus tard, l'hémaphéisme apparaître en concurrence d'abord avec le biliphéisme, puis le remplacer en quelque sorte. L'interrogatoire du malade permet souvent d'éviter une erreur qui conduirait à une fausse interprétation du processus morbide. On apprend dans ces cas qu'au début les selles ont été entièrement décolorées et la jaunisse très-accentuée : fréquemment enfin la production d'éruptions cutanées doit faire éliminer l'hypothèse d'un ictère hémaphéique primitif.

Reste l'*ictère mixte* qui ne se produit d'ailleurs qu'exceptionnellement, soit à la suite d'un ictère bilieux, soit dans le cours d'affections du foie, alors qu'à l'hémaphéisme résultant des altérations fonctionnelles de la glande hépatique se joint la résorption biliaire par compression des voies d'excrétion de la bile. Le diagnostic n'en est pas facile : car les urines présentent dans ce cas la réaction de Gmelin, mais généralement à un très faible degré. De plus, sous l'influence de l'acide azotique, elles prennent une *coloration feuille-morte* qui est caractéristique. Les antécédents enfin peuvent le plus souvent éclairer le diagnostic, car ils nous révèlent l'existence antérieure d'un ictère soit biliphéique soit hémaphéique; c'est progressivement qu'on voit les urines changer d'aspect; enfin la quantité de matière colorante biliaire n'est pas en rapport avec l'intensité de la jaunisse.

Mais lorsque les urines sont très-bilieuses, la réaction de la biliphéine masque complètement celle de l'hémaphéine : aussi est-il à supposer que bien des cas d'ictères dits bilieux ne sont autre chose que des ictères mixtes. Il en est ainsi, croyons-nous, dans la cirrhose hypertrophique ; car nous avons eu l'occasion d'observer une fois chez un malade atteint de cette affection, et mort alors que les lésions n'étaient pas très avancées, la présence à la fois de l'hémaphéine et de la biliphéine. Plus tard, sans doute, l'abondance de cette dernière n'eût pas permis de reconnaître l'existence simultanée du pigment hémaphéique. Il paraît en être de même, à en juger par les descriptions des auteurs, dans la plupart des cas d'*ictères dits graves*.

Valeur diagnostique et pronostique de l'hémaphéisme.

La *valeur diagnostique* de l'hémaphéisme est considérable. Quand, en effet, chez un malade on constate l'existence de la jaunisse, et que par l'examen des urines on peut s'assurer qu'il n'y a pas de résorption biliaire, on est forcément conduit à affirmer soit une dénutrition globulaire exagérée, soit des altérations fonctionnelles du foie, tenant à des lésions organiques ou à des troubles circulatoires hépatiques.

On est ainsi mis en quelque sorte sur la voie d'un diagnostic exact. Quelques exemples nous paraissent nécessaires pour préciser notre pensée.

Un individu se présente à nous avec les signes d'un embarras gastrique, accusant des troubles digestifs vagues : l'hémaphéisme fera soupçonner l'existence d'une intoxication soit saturnine, soit alcoolique, et rejeter l'hypothèse d'un catarrhe gastro-duodénal. Parfois aussi les premières poussées d'une hépatite scléreuse alcoolique préludant à la cirrhose confirmée seront révélées par l'hémaphéisme.

L'observation xv, nous fournit une preuve de l'importance de l'hémaphéisme au point de vue diagnostique. Il s'agit dans ce cas d'un homme chez qui tout permettait d'affirmer l'existence d'une colique hépatique; mais, les urines étant hémaphéiques, on dut renoncer à cette hypothèse; et la marche de la maladie, ainsi que l'autopsie vinrent prouver qu'en effet telle n'était pas la cause de l'ictère.

D'autres fois, chez les individus cachectiques, l'existence de la teinte subictérique, en dehors de tout autre symptôme, nous fit soupçonner une affection organique du foie et l'autopsie vint ratifier le diagnostic (obs. XXVIII).

Dans la phthisie pulmonaire l'hémaphéisme est l'indice soit d'une poussée inflammatoire soit d'une dégénérescence graisseuse profonde du foie.

Enfin lorsqu'on se trouve en présence d'un individu atteint d'une affection fébrile encore mal dessinée, l'existence d'un hémaphéisme intense et surtout de l'ictère peut être d'un grand secours au point de vue du diagnostic. Car la coloration des urines est beaucoup plus prononcée dans les affections *a frigore*, dans les fièvres franchement inflammatoires que dans les maladies infectieuses. Aussi l'examen des urines n'est-il pas à négliger quand on hésite entre un embarras gastrique ou une fièvre typhoïde; dans le premier cas l'hémaphéisme est intense, dans le second il est peu prononcé.

La valeur pronostique de l'hémaphéisme n'est pas moindre que sa valeur diagnostique.

Souvent, en effet, il permet de soupçonner l'existence de lésions graves de la glande hépatique. Chez les individus atteints d'un cancer abdominal il doit faire craindre un envahissement rapide du foie et par suite, comme nous l'apprend la clinique, un dénoûment plus promptement fatal de la maladie.

Dans le cours des affections cardiaques il révèle un trouble profond de la circulation hépatique. Lorsque dans ces conditions il ne s'amende pas à la suite d'une médication appropriée, on est en droit de penser que le foie présente déjà ces lésions organiques consécutives à la stase sanguine et qui sont au-dessus des ressources de l'art.

De même la persistance de l'hémaphéisme chez un alcoolique fournit souvent la preuve que les irritations repétées du foie ont déjà engendré une lésion organique à marche progressive, la cirrhose par exemple.

Enfin, lorsque l'ictère hémaphéique apparaît après la jaunisse vulgaire, on doit en conclure avec M. Gubler que la stase biliaire a eu pour résultat une altération des éléments sécréteurs du foie et par suite que la guérison sera lente à se produire (obs. XXXIV).

Parallèle entre l'ictère hémaphéique et l'ictère biliphéique.

		Ictère hémaphéique.	Ictère biliphéique.
	PATHOGÉNIE.	Soit altération fonctionnelle du foie, Soit déglobulisation rapide, Soit ces deux causes réunies, en d'autres termes insuffisance hépatique absolue ou relative.	Résorption biliaire par suite d'un obstacle quelconque au libre écoulement de la bile.
URINES	COLORATION.	Jaune ambré, nuancé de brun, sans reflets verdâtres, tachant le linge en saumon pâle.	Très-variables, reflets verdâtres, tachant le linge en rouge verdâtre intense.
URINES	RÉACTION de L'ACIDE NITRIQUE.	Coloration brun acajou vieilli; pas de précipité s'il n'y a pas d'albumine.	Coloration verte en passan par les couleurs di prisme. Précipité de résine biliair soluble dans l'alcool.
URINES	TEINTURE D'IODE.	Pas de réaction ou reflets vert pâle (?)	Coloration verte très-nette
URINES	ÉTHER et CHLOROFORME.	L'éther et le chloroforme prennent une coloration jaune rougeâtre : le culot chloroformique traité par Az^5O^5H devient rose.	L'éther et le chloroform prennent une coloratio jaune vif. Le culot chlo roformique, traité pa Az^5O^5H devient vert, pu rouge.
URINES	SÉRUM SANGUIN.	Coloré en jaune brun par l'acide nitrique.	Coloration verdâtre pa l'acide nitrique.
SYMPTOMES	SYSTÈME NERVEUX.	Pas de prurit; pas d'éruptions cutanées.	Prurit; éruptions cutané fréquentes.
SYMPTOMES	TÉGUMENTS cutanés.	Coloration ordinairement jaune sale, jaune pâle sans reflets verdâtres.	Coloration jaune doré, v rant souvent sur le vert
SYMPTOMES	POULS	Pas de modifications.	Souvent ralenti.
SYMPTOMES	SELLES.	Très-variables, parfois un peu décolorées, le plus souvent très-colorés.	Selles plus ou moins déc lorées, argileuses, etc.

SECONDE PARTIE

Étude de l'ictère hémaphéique dans quelques maladies.

Dans cette seconde partie de notre travail nous nous proposons d'étudier l'ictère hémaphéique en particulier dans les maladies où nous avons pu l'observer. Cette manière de coordonner nos observations est, nous l'avouons, plutôt artificielle que fondée sur la physiologie pathologique. Car, s'il est des maladies où l'hémaphéisme urinaire soit la règle, il n'en est pas, à part l'intoxication saturnine peut-être, où celui-ci se montre d'ordinaire sous sa forme cutanée. Il faut le plus souvent, pour qu'il y ait ictère, des circonstances adjuvantes, des épiphénomènes aigus, qui déterminent un afflux brusque d'hémaphéine.

C'est ainsi que la cirrhose, malgré son hémaphéisme urinaire constant, ne compte pas la jaunisse au nombre de ses phénomènes habituels ; mais qu'un accès d'alcoolisme aigu, de delirium tremens par exemple (obs. xxv) se produise, le pigment pourra se montrer non-seulement dans les urines, mais encore à la surface des téguments cutanés.

Nous pourrions multiplier ces exemples et prouver ainsi que chaque cas d'ictère hémaphéique nécessiterait une analyse spéciale, qui nous entraînerait à des développements trop étendus.

Ces réserves faites sur la valeur de notre classification, nous étudierons successivement l'ictère hémaphéique :

1° *Dans l'intoxication saturnine.*

2° *Dans les pyrexies et les phlegmasies aiguës.*

3° *Dans les affections du foie.*

Malheureusement cette étude sera fort incomplète, car il ne nous a pas été donné de déterminer par les caractères de l'urine la nature de l'ictère dans bien des affections où nous avons tout lieu, d'après la physiologie pathologique, de le rattacher à l'hémaphéisme. Dans quelques cas cependant nous pourrons utiliser les renseignements fournis par nos devanciers, à propos de certaines maladies des pays chauds par exemple. Pour les autres nous ne ferons que poser la question.

Ictère saturnin.

On sait que la coloration anormale des téguments permet souvent de distinguer à première vue un saturnin : on connaît le masque blafard de l'intoxication plombique, cette teinte composite jaune sale ou bistrée qui est surtout marquée aux deux bords des conjonctives, tandis que les muqueuses présentent plutôt la coloration de l'anémie. Quelquefois l'on observe une couleur plus franchement jaune, subictérique plutôt qu'ictérique, mais sans aucun reflet verdâtre.

Quelle est la cause de cet ictère ? C'est une question que peu d'auteurs ont cherché à élucider.

Tanquerel des Planches admet l'existence dans l'intoxication saturnine de deux variétés bien distinctes de jaunisse. L'une, *ictère vulgaire*, parfois intense, surviendrait dans le cours des coliques de plomb et reconnaîtrait pour cause l'extravasation de la bile hors de ses réservoirs habituels et la présence de sa matière colorante dans les liquides et les tissus.

L'autre, *ictère saturnin proprement dit*, moins accentué,

teinte jaune plombée des auteurs, ne serait pas dûe à la résorption biliaire, mais à la présence du plomb dans le sang. En d'autres termes, la première rentrerait dans la classe des ictères biliphéiques, la seconde dans celle des ictères sanguins.

Nous ne pouvons nous rallier à cette manière de voir, car nous n'avons jamais trouvé de bile dans les urines des saturnins ictériques, à l'exception naturellement des cas rares où en dehors de l'intoxication plombique il existait une autre cause d'ictère (embarras gastrique, etc.). Du reste, en dépouillant les observations de Tanquerel des Planches, on trouve des faits contraires à sa propre théorie : car plusieurs fois il signale dans le cours de la colique de plomb l'apparition d'un ictère intense, alors qu'à son dire même les urines ne renfermaient pas de pigment biliaire (observation v par exemple).

Dans le traité classique de M. Jaccoud, la question de l'ictère chez les saturnins est l'objet de quelques développements intéressants. Le savant professeur admet, en dehors de la teinte jaune plombée habituelle, l'existence de deux formes d'ictère : la première, ictère vrai, dont les conditions pathogénétiques sont encore mal connues, la seconde plus fréquente, qu'il n'hésite pas à rendre tributaire de l'hémaphéisme. « C'est encore là, dit-il, une application de la doctrine féconde de notre éminent professeur Gubler sur l'hémaphéisme. »

Pour nous, donnant encore à l'hémaphéisme une part plus considérable, nous serions porté à voir dans ces diverses colorations des degrés d'une altération identique dans son origine, très-variable dans son intensité. Teinte jaune plombée, teinte subictérique ou même franchement ictérique, toutes seraient dues à la même cause, l'hémaphéisme qui se révèle toujours par la coloration des urines. Mais la question est complexe ; car il faut tenir compte de l'anémie constante dans l'intoxication saturnine. Peu marquée ou disparaissant rapidement, lorsque l'empoisonnement est de date récente, elle devient de plus en plus profonde, de plus en plus rebelle, ainsi que l'a montré M. Malassez (1), à mesure que la cachexie s'accentue.

Quant à l'hémaphéisme, il trouve ici ses deux causes habituelles : d'une part la déglobulisation rapide par le fait de la présence du plomb dans la trame moléculaire des substances albuminoïdes du sang, et d'autre part l'altération fonctionnelle du foie. On sait en effet depuis le travail de M. Potain que pendant la colique de plomb le foie subit une rétraction plus ou moins prononcée ; on sait aussi que cette rétraction devient permanente, mais moins marquée dans la période cachectique. Telle est l'opinion professée par notre maître ; nous y joindrons une autre considération.

En même temps les émonctoires du pigment hémaphéique font pour ainsi dire défaut. On n'ignore pas en effet que chez les saturnins la peau est d'une remarquable sécheresse et que les glandes sudoripares ne fonctionnent qu'imparfaitement. En outre, par suite de la constipation opiniâtre, la dernière voie d'élimination de l'hémaphéine est en quelque sorte fermée.

Ainsi, d'une manière générale, on trouve ici réunies les deux causes de l'hémaphéisme et souvent réalisées les conditions morbides qui prédisposent à l'ictère.

Mais il n'en est pas de même dans la dernière phase de l'intoxication saturnine, dans la période de cachexie ; alors l'hypoglobulie est très-prononcée et plusieurs organes importants sont le siége de profondes altérations. Ainsi il est acquis, depuis les travaux de MM. Charcot, Ollivier, Kelsch, Gombault, que dans l'intoxication saturnine chronique le

(1) Malassez. Comptes-rendus Soc. biol., 1874.

rein offre les caractères anatomopathologiques de la néphrite interstitielle atrophique avec destruction des tubes urinifères. A ce moment c'est la cachexie anémique qui domine la scène morbide.

A ces trois périodes, *accidents aigus*, *intoxication confirmée*, *cachexie saturnine*, correspondent *trois* types différents d'urines.

Alors que sous l'influence d'une colique violente la déglobulisation est rapide et la rétraction du foie considérable, les urines sont franchement hémaphéiques; elles renferment parfois aussi de l'albumine et des dépôts couleur de minium constitués par de l'urate de soude coloré par de l'acide rosacique, que les recherches de M. Gubler tendent à identifier avec l'hématoïdine, dépôt urique que notre maître attribue en partie à l'oligurie et à la dénutrition active, mais surtout à l'imperfection des combustions effectuées dans l'organisme.

A mesure que l'intoxication se prononce, que l'hypoglobulie augmente, l'hémaphéisme urinaire est moins accusé : les urines sont encore très-colorées ; mais c'est là plutôt un fait de concentration, comme le dit M. Bouchard, que le résultat d'un excès dans la production du pigment.

Mais alors que des accidents aigüs viennent à se produire, les urines sont de nouveau fortement chargées de pigment.

Enfin dans la période cachectique la pâleur anémique des urines révèle l'altération profonde de la nutrition et l'hypoglobulie de plus en plus accusée.

Nota.—Nous ne pouvons traiter ici, dans tous ses détails, la question si complexe de la sécrétion urinaire dans l'intoxication saturnine.

Elle a, du reste, été étudiée avec soin par M. Bouchard (Compte rendu de la Soc. de biol. (juillet 1873) et a été l'objet d'un travail complet de MM. Gubler et Alb. Robin. (Voir thèse d'agrég. de M. Renaut, 1875.)

Les téguments présentent au point de vue de la coloration des caractères que l'on peut mettre en parallélisme avec ceux des urines. Dans le cours des accidents aigus initiaux ils ont une teinte jaune sale, et parfois subictérique; dans l'intoxication confirmée une teinte jaune plombée, qui se rapproche de plus en plus de la teinte cachectique vulgaire à mesure que la nutrition s'altère.

Ainsi en résumé, nous appuyant à la fois sur la séméiologie et sur les caractères des urines, nous distinguerons dans l'empoisonnement saturnin trois phases distinctes :

1° *Accidents aigus.* — Déglobulisation rapide, foie très-rétracté, constipation. Hémaphéisme urinaire intense. Tendance aux colorations subictériques.

3° *Intoxication confirmée.* — Hypoglobulie déjà plus marquée, foie moins rétracté, constipation moins habituelle. Urines moins hémaphéiques. Teinte jaune plombée, se rapprochant de celle de la première phase quand il se produit des phénomènes aigus.

3° *Cachexie saturnine.* — Hypoglobulie et altérations organiques profondes. Urines plutôt anémiques. Teinte surtout cachectique des téguments.

Ce n'est là, on le conçoit, qu'une formule générale, sujette à bien des exceptions.

Et d'abord il faut tenir compte des aptitudes individuelles, au point de vue de la réceptivité et du mode d'action de l'agent toxique. De même que les uns vivent longtemps soumis aux émanations plombiques sans éprouver grand malaise, tandis que d'autres sont presque immédiatement atteints des plus redoutables manifestations du saturnisme, de même tel aura à chaque colique une jaunisse plus ou moins intense (obs. III, V.), tel autre ne présentera qu'une coloration anormale à peine perceptible.

Il faut aussi prendre en considération les antécédents du malade. Tantôt en effet c'est sur un organisme auparavant sain, tantôt au contraire c'est sur un organisme profondément débilité par des excès de toute sorte si fréquents chez les cérusiers ou par une mauvaise hygiène que s'exerce l'action toxique du plomb.

Enfin entrent en ligne de compte les causes occasionnelles, embarras gastrique, affections *a frigore* ou *a crapula* qui amènent si souvent l'explosion d'un saturnisme aigu.

Ainsi l'ictère peut apparaître dans le cours de l'intoxication saturnine et se montre surtout lié à la colique de plomb. Peut-il aussi coexister avec l'encéphalopathie sans colique de plomb ? Cela est probable, mais les faits que nous avons eus sous les yeux ne nous renseignent pas sur ce point. Nous ne pouvons qu'enregistrer à ce propos une observation de Rousseau (obs. VIII). L'ictère relève de l'hémaphéisme comme le prouve l'analyse des urines Du reste il a tous les caractères cliniques de l'ictère hémaphéique : coloration jaune sale des téguments, pigmentation des sclérotiques surtout marquée au niveau des deux bords de ces membranes, absence des démangeaisons, d'éruptions cutanées, selles plus colorées qu'à l'état normal.

Quant à la marche de la jaunisse, elle est telle qu'on aurait pu le prévoir *a priori*. Toutes nos observations sont pour ainsi dire calquées sur le même modèle. Un individu est atteint de colique de plomb : dès les premiers jours les urines sont très-fortement chargées d'hémaphéine : l'ictère n'apparaît que le second ou le troisième jour, alors que la douleur abdominale est très-vive, la rétraction du foie très-marquée, la constipation opiniâtre. La thérapeutique intervient pour calmer la douleur et combattre la paresse de l'intestin, le foie reprend progressivement son volume normal, il se produit des selles copieuses et très-colorées. En même temps la teinte subictérique s'atténue et disparaît rapidement pendant que les urines recouvrent leurs caractères physiologiques.

Parfois (obs. II) il se produit une rechute légère ; immédiatement avec la douleur et la constipation l'hémaphéine réapparaît dans les urines et dans la peau.

Nous nous bornerons à donner ici la relation des faits où l'ictère avait une certaine intensité, sans parler de ceux où il était à peine perceptible. Du reste nous ne l'avons jamais vu aussi accentué que dans l'ictère vulgaire, ce qui s'expliquerait difficilement s'il était dû, comme le voulait Tanquerel des Planches, au spasme des voies biliaires.

Deux de ces observations (obs. II et IV) nous fournissent la preuve de la valeur diagnostique de l'ictère hémaphéique : car sans les caractères des urines on eût pu songer à un catarrhe gastro-duodénal avec propagation aux voies biliaires. C'est l'ictère hémaphéique qui a fait soupçonner l'empoisonnement saturnin (obs. II et IV).

OBSERVATIONS

OBSERVATION I.

(Communiquée à la Société médicale des hôpitaux, par M. le professeur Gubler, le 26 août 1857.)

Colique de plomb. — Jaunisse intense. — Pas de matière colorante de la bile dans les urines, qui sont cependant foncées en couleur.

Le nommé J. C..., 33 ans, journalier, entré le 11 août 1855, à l'hôpital Beaugeon, service de M. Gubler, salle Saint-Jean, n° 4.

Cet homme est à Paris depuis un an environ. Peu après son arrivée il fut employé pendant douze jours au coupage du blanc de céruse et n'en éprouva aucun inconvénient. Il y a cinq mois il fut de nouveau employé au même travail pendant environ trois semaines, au bout desquelles il fut pris de maux d'estomac et de violentes coliques. Après quelques jours de traitement à l'hôpital il sortit soulagé ; mais il fut repris de coliques et obligé d'y rentrer. Enfin après un nouveau séjour il sortit guéri et n'éprouva plus aucun accident, jusqu'à ces derniers temps où étant faute d'ouvrage retourné travailler à la céruse, il fut au bout de six semaines atteint d'accidents nouveaux et obligé de quitter pour venir se faire traiter.

Ce qui dans l'extérieur du malade attire surtout l'attention est une coloration ictérique des sclérotiques et de la peau, qui diffère par la netteté de sa teinte de l'ictère saturnin qu'on trouve chez la plupart des cérusiers.

Il présente assez nettement le liséré bleu ardoisé des gencives, mais on ne trouve pas chez lui de taches semblablement ardoisées, produites par une sorte de tatouage sur la muqueuse buccale. Il est assez maigre : on entend un bruit de souffle dans les carotides.

Il dit avoir dans la bouche une saveur particulière : le pouls est assez petit.

Cet homme raconte qu'il est malade depuis trois jours ; qu'il a été pris alors de crampes d'estomac, d'envies de vomir et de violentes coliques. La sensibilité abdominale est très-développée : les douleurs s'exaspèrent par une pression brusque et, même contrairement à ce qu'on observe dans beaucoup de cas de colique saturnine, par une pression graduelle et soutenue.

Il se plaint aussi d'éprouver dans les membres des douleurs analogues à des crampes : la sensibilité cutanée est un peu obtuse ; mais cette légère anesthésie ne paraît pas porter plus sur les membres inférieurs que sur les bras. La contractilité fibrillaire est excessivement développée, de telle sorte que chaque point des pectoraux que l'on frappe avec le bout des doigts devient une espèce de nœud qui demeure quelques instants, et l'on peut en frappant de la même manière sur les avant-bras, faire agir alternativement chacun des bras comme avec l'électricité. Enfin on voit à chaque instant des contractions fibrillaires spontanées. Pas de céphalalgie, pas de tremblement dans les membres, ni d'hésitation dans la parole. Les urines, très-colorées, ont presque l'apparence qu'elles présentent ordinairement dans le cours de l'ictère ; mais elles ne présentent pas avec l'acide nitrique les changements de couleur qui appartiennent à la matière colorante de la bile. L'acide, versé en excès, se rassemblant au fond du verre, produit sur les couches inférieures de l'urine une coloration d'un violet sombre et détermine un léger trouble qui se manifeste dans une zone un peu élevée de la liqueur et paraît due à l'acide urique.

On administre à ce malade une douzaine de gouttes de chloroforme dans l'eau sucrée : ce qui calme aussitôt ses coliques ; mais il est repris dans l'après-midi de nouvelles coliques qui s'accompagnent alors de vomissements.

Le lendemain, purgatif, bains sulfureux. Les vomissements devinrent moins fréquents et cessèrent complètement au bout de trois jours ; les coliques diminuèrent peu à peu. Les purgatifs et les bains sulfureux furent ordonnés plusieurs fois. Le troisième jour après l'entrée du malade à l'hôpital, la coloration de la peau avait notablement diminué d'intensité, et deux jours plus tard elle était au contraire devenue beaucoup plus foncée qu'elle ne l'était même à son entrée ; depuis lors elle s'est éclaircie peu à peu.

La coloration de l'urine a pendant tout le temps marché parallèlement avec celle des téguments, s'atténuant et s'augmentant en même temps, et à peu près dans les mêmes rapports.

Le malade dit avoir présenté la même teinte ictérique lors de sa première attaque de colique de plomb, sans que cette coloration qui s'est peu à peu dissipée fût tout à fait aussi intense.

A sa sortie de l'hôpital, le 24 août 1855, il ne ressent plus ni douleurs d'estomac, ni coliques, ni crampes. Le dernier bain sulfureux qu'il a pris a laissé peu de traces : le liséré des gencives est encore assez marqué ; la sensibilité paraît à peu près normale, la contractilité fibrillaire encore un peu exagérée. Cet homme conserve encore aussi une teinte ictérique assez nette, quoique cette coloration se soit déjà beaucoup atténuée.

Observation II (personnelle).

Colique de plomb. — Pas de cachexie. — Ictère hémaphéique.

Robcis (Alex.), 27 ans, menuisier, entré le 2 mai 1877, salle Saint-Louis, n° 26 bis (service de M. Gubler).

Entré à l'hôpital pour douleurs abdominales avec constipation opiniâtre. Urines hémaphéiques. La cause de ces accidents reste d'abord obscure.

3 *mai*. L'eau-de-vie allemande, administrée la veille, n'a pas eu d'action. On note une teinte subictérique des téguments. M. Gubler songe alors à la possibilité d'une intoxication saturnine. On constate l'existence d'un faible liséré gingival, d'une notable rétraction du foie, d'une analgésie assez marquée. Le malade raconte qu'il a été dans ces derniers temps occupé à emballer des lames de plomb.

Le 4. Toujours constipation rebelle. L'ictère augmente, les urines sont très-hémaphéiques, dépourvues de pigment biliaire. Huile de ricin.

Le 5. Il a eu la veille des selles très-abondantes, très-colorées. Les urines sont moins chargées en couleur, les téguments paraissent moins jaunes. Le foie arrive au niveau des fausses côtes.

Le 6. L'ictère a disparu presque entièrement. Les urines sont normales : le foie déborde légèrement les fausses côtes. Il ne reste qu'un peu de faiblesse.

Le malade eut du 8 au 16 mai deux rechutes de coliques de plomb. Le 16 mai les conjonctives présentèrent encore une teinte légèrement jaunâtre en même temps que les urines redevenaient plus foncées. A partir du 17 mai la guérison devint définitive. Exeat le 23 mai.

OBSERVATION III (personnelle).

Colique de plomb. — Pas de cachexie. — Ictère hémaphéique à chaque accès.

Intringer Nic, 38 ans, peintre en voitures, entré le 1er juin 1877, salle Saint-Louis, n° 4 (service de M. Gubler).

Peintre en voiture depuis 16 ans ; aucun accident saturnin. Il y a quinze jours, douleurs de ventre assez violentes qui ont disparu sous l'influence d'un purgatif ; à cette époque il avait remarqué que sa figure et ses yeux étaient plus jaunes qu'à l'état normal. Depuis ce moment il a eu des douleurs abdominales vagues ; n'est constipé que depuis son entrée.

Etat actuel. Teinte subictérique nette à la face et aux sclérotiques, surtout aux deux bords. Liséré gingival, douleurs abdominales modérées. Constipation absolue. Foie petit (7 cent.) Anorexie. Analgésie peu prononcée. Urines hémaphéiques, chargées d'urates, peu abondantes. — Huile de ricin.

3 juin. Il a eu des selles abondantes, brun verdâtre. La teinte ictérique est moins prononcée ; les urines sont plus pâles.

Le 4. L'ictère a presque entièrement disparu. Urines à peu près normales. Peu de douleurs. Foie, 10 cent. — Huile de ricin.

Le 5. — Selles copieuses, colorées ; n'a plus qu'un peu de faiblesse. Urines normales. Coloration des téguments normale. Etat général bon. Foie toujours un peu rétracté. — Il sort le lendemain.

OBSERVATION IV (personnelle).

Colique de plomb. — Intoxication saturnine méconnue au début, due probablement au pain. — Ictère hémaphéique.

Boucheux, 31 ans, journalier entré le 30 juin 1877, salle Saint-Louis, 11 (service de M. Gubler).

28 juin. A eu des coliques et tous les phénomènes d'un embarras gastrique avec constipation. Le 29, les symptômes s'aggravèrent et il remarqua que ses conjonctives devenaient jaunes.

Etat actuel (1er juillet). Embarras gastrique, anorexie, langue blanche, constipation, vives douleurs abdominales. Coloration subictérique très-nette de tout le corps. Urines très-hémaphéiques. Foie mesurant seulement 6 cent. de hauteur. Analgésie assez-prononcée. — On ne peut pas trouver une cause d'intoxication saturnine. — Médecine noire du Codex.

Le 2. Même état; le médicament n'a pas produit d'effet purgatif. — Teinture de jalap composée.

Le 3. N'a pas encore été à la selle. Cependant il se sent moins souffrant, a moins de douleurs : la coloration ictérique est moins prononcée, les urines moins colorées. Foie 8 cent. — Eau de Sedlitz.

Le 4. Selles abondantes, *très-colorées*. Urines presque normales. Teinte ictérique à peu près effacée. Un peu d'appétit.

Le 5. Coloration normale des urines et des téguments. Foie 9 cent. Etat général bon. — Exeat le 11 juillet.

On apprend à ce moment que plusieurs personnes habitant le même quartier que lui ont éprouvé les mêmes symptômes ; sa femme est dans le service de M. le Dr Millard, également atteinte de coliques avec constipation rebelle. L'enquête, faite par le Dr Ducamp, établit que l'intoxication saturnine est due au pain fabriqué par un boulanger chez qui toutes ces personnes se fournissent. (Comtes rendus de la Soc. de méd. publiq. et d'hygiène profess., 1877.)

Observation V (personnelle).

Colique de plomb. — Ictère hémaphéique intense.

Hugard (Gust.), 30 ans, plombier, entré le 2 mai 1877, salle Saint-Louis, 11 (service de M. Gubler).

Cet homme travaille depuis deux ans dans le plomb, a eu deux fois les coliques, la première fois en janvier 1876, la seconde en avril 1876. Pas d'autres accidents saturnins. Antécédents alcooliques. Il dit avoir eu la jaunisse à chacun de ces accès aigus.

Etat actuel (2 mai). — Légère teinte ictérique des téguments, surtout de la face. Pas de cachexie. Depuis deux jours violentes douleurs abdominales, constipation opiniâtre, ventre rétracté. Analgésie généralisée. Liséré gingival. Urines très-hémaphéiques, riches en urates : traces d'albumine. On lui administre 30 grammes d'eau-de-vie allemande sans résultat.

3 mai. La teinte ictérique est plus prononcée ; les conjonctives sont très-jaunes ; le foie mesure 6 centimètres. Les autres phéno-

mènes ne se sont pas modifiés. Injection de morphine. Lavement avec une goutte d'huile de croton. Une selle peu abondante, très-colorée.

Le 4. L'ictère est encore plus net : la face a une coloration jaune doré. Le foie n'a pas changé de volume : les urines sont très-hémaphéiques, sans trace de pigment biliaire. Douleurs abdominales encore très-vives. — Médecine noire du Codex.

Le 5. Le malade a eu la veille au soir plusieurs selles abondantes : il se sent beaucoup mieux. La teinte ictérique a considérablement diminué. Le foie atteint presque le niveau des fausses côtes. Les urines sont beaucoup moins hémaphéiques.

Le 6. L'ictère a presque entièrement disparu, les urines sont à peu près normales. Le foie déborde les fausses côtes.

Etat général bon. — Eau de Sedlitz.

Le 7. Selles abondantes, colorées. Appétit.

Le 8. L'ictère a disparu; les urines sont de coloration normale. Le malade n'accuse plus qu'un peu de faiblesse : il sort au bout de quelques jours entièrement guéri.

Observation VI.

(Thèse de Rousseau, obs. LXIV.)

Cachexie saturnine. — Teinte jaunâtre des téguments. Hémaphéisme.

Al., 41 ans, peintre en bâtiments, 25, salle Sainte-Louis (service de M. Gubler), 1874.

Travaille à la peinture depuis vingt-deux ans, a eu huit attaques de coliques. Actuellement coliques sourdes, paralysie des extenseurs ancienne déjà ; facies très-altéré. Cachexie profonde. Teinte très-jaunâtre des téguments. Urines hémaphéiques, couleur d'acajou, donnant par le procédé de M. Gubler un petit diaphragme d'acide urique.

Observation VII.

(Thèse de Rousseau, obs. LXV.)

Cachexie saturnine. — Coliques sourdes. — Ictère hémaphéique.

C..., 48 ans, contre-maître à Clichy depuis trois ans, entré en 1874, salle Saint-Louis (service de M. Gubler).

Deux atteintes de coliques, la dernière suivie d'état cachectique qui, pendant dix mois, lui a interdit tout travail.

Constipation absolue. Coliques très-sourdes. Anesthésies. Arthralgies. Gingivite.

Ictère saturnin. — Urine hémaphéique ayant la couleur du vin de Malaga, de réaction neutre, albumineuse, avec petit diaphragme d'acide urique.

Observation VIII.

(Thèse Rousseau, obs. 52.)

Saturnisme aigu. — Encéphalopathie. — Ictère hémaphéique.

X..., salle Saint-Louis, 1874, n° 19 (service de M. Gubler).

Attaque de saturnisme aigu, coliques, étourdissements, bourdonnements d'oreille, perte de connaissance, accès éclamptiques.

Nous sommes heureux de pouvoir reproduire ici les deux observations suivantes, recueillies dans le service de M. le Dr Vulpian, et qu'a bien voulu nous communiquer notre excellent ami le Dr Raymond.

Observation IX (inédite.)

(Communiquée par M. le Dr Raymond. Résumée).

Accidents saturnins, multiples et anciens. — Arthralgies. — Colique de plomb. — Ictère hémaphéique.

Simonet (Jean), 28 ans, peintre en bâtiments, entré le 7 juillet 1877, à l'hôpital de la Charité, salle Saint-Jean-de-Dieu, n° 16 *bis* (service de M. Vulpian).

Exerce son métier depuis quatorze ans : a eu huit attaques de colique saturnine. A la sixième, paralysie des extenseurs, délire, diplopie. A chaque accès douleurs articulaires, toujours plus vives que les douleurs abdominales.

7 juillet. L'attaque actuelle a commencé il y a trois semaines par des douleurs articulaires aux quatre membres. Huit jours avant son entrée, paralysie des extenseurs de l'avant-bras droit ; en même

temps colique peu intense, avec constipation opiniâtre. Urines re-fermant beaucoup d'albumine.

Le 8. Teinte subictérique généralisée. Teinte jaune très-ne de la sclérotique. *Urines hémaphéiques, ne renfermant pas la ma-tière colorante de la bile*, mais beaucoup d'albumine.

Le 9. L'ictère s'accentue. Les urines conservent toujours mêmes caractères.

Le 10 et le 11. Statu quo.

Du 11 au 18. L'ictère s'atténue progressivement. Le 18, l'ulc a presque entièrement disparu.

Observation X (inédite).

Colique de plomb. — Arthralgies. — Ictère hémaphéique.

Bodmer (J.), 30 ans, peintre en bâtiments, entré le 10 ju-let 1877, salle Saint-Jean-de-Dieu, n° 7 (service de M. V-pian).

Exerce ce métier depuis quinze ans. A eu déjà deux attaques coliques, la dernière il y a six semaines.

L'attaque actuelle a débuté il a deux jours par des coliques des vomissements ; en même temps grande fatigue et douleurs ticulaires dans les quatre membres. Plante du pied très-doulc reuse. Constipation rebelle.

10 juillet. Colique très-violente. Liséré gingival. Teinte ic rique assez prononcée des téguments. Conjonctives jaunes. Urir hémaphéiques, albumineuses, ne renfermant pas la matière co rante biliaire. Huile de ricin avec une goutte d'huile de crotc Pas de selles.

Le 12. Même état. Même prescription également sans sultat.

Le 13. Même état. Eau-de-vie allemande. Les urines cc servent les mêmes caractères, mais ne renferment plus d'alb mine.

Le 14. La constipation cède enfin, après l'administration d' lavement à la glycérine.

A partir de ce moment l'ictère diminue et, le 17, il a considé blement pâli.

ICTÈRE BILIEUX CHEZ LES SATURNINS.

Il est inutile de dire que chez les individus soumis aux émanations plombiques on peut observer un ictère vrai, par exemple dans le cours d'un embarras gastrique par propagation de l'inflammation catarrhale au canal cholédoque. Ce n'est plus alors un ictère saturnin, mais un ictère catarrhal survenu chez un saturnin. L'observation suivante nous en offre un exemple. Dans ce cas, en effet, outre les caractères fournis par les urines, riches en pigment biliaire, on nota le ralentissement du pouls, des démangeaisons, phénomènes qui ne se produisent pas dans le cours de l'ictère hémaphéique. Enfin, à la dernière période, la biliphéine disparaissant des urines, c'est l'hémaphéine qui entretint la coloration anormale de la peau. Ce fut donc là un fait d'ictère hémaphéique consécutif à une jaunisse bilieuse.

OBSERVATION XI (personnelle) résumée.

Embarras gastrique fébrile chez un saturnin. — Ictère biliphéique, puis hémaphéique. — Ralentissement du pouls. — Démangeaisons.

Laup.., 26 ans, estampeur, entré le 19 octobre 1875 dans le service de M. Moissenet, à l'Hôtel-Dieu, salle Sainte-Jeanne, n° 42.

Se sert du plomb et du cuivre. A eu de petites coliques de plomb. Bonne santé habituelle.

15 octobre. Céphalalgie, douleurs dans les reins, dans les jambes, insomnie, anorexie, vertiges, éblouissements.

Le 17 et le 18. Même état. On lui dit alors qu'il a la jaunisse.

Le 19. Grande faiblesse. Anorexie. Teinte subictérique des téguments. Phénomènes d'embarras gastrique, 39°,2. Pouls lent. Pas de symptômes de colique de plomb.

Le 20. Teinte ictérique très-prononcée. Urines rouges, albumineuses, légèrement bilieuses. Foie très-hypertrophié, assez douloureux à la pression.

Le 22. Les urines ne renferment plus de pigment biliaire. Etat général meilleur. Un peu d'appétit. Ictère stationnaire. La fièvre est tombée. Le pouls est lent (60 pulsations).

Le 24. Va beaucoup mieux. Se plaint de démangeaisons.

Le 25. Le foie est revenu à son volume normal. La teinte des urines est moins foncée, elles donnent par l'acide nitrique une coloration feuille morte (*ictère mixte*).

Le 26. Etat général bon : mais ictère stationnaire. Démangeaisons vives. Pouls toujours aussi lent. Urines rougeâtres brunissant par l'acide nitrique, sans trace de pigment biliaire (urines *hémaphéiques*).

A partir de cette époque, il se produisit une amélioration progressive ; le malade partit le 5 novembre pour Vincennes. Les téguments conservaient encore une légère teinte jaunâtre.

DE L'ICTÈRE DANS CERTAINS EMPOISONNEMENTS.

A côté de cette rapide étude sur l'ictère saturnin, se placerait naturellement l'analyse de ce symptôme dans d'autres empoisonnements. Il est à présumer, en effet, que certains poisons ou certains venins, destructeurs des hématies, peuvent donner lieu à l'ictère hémaphéique. Malheureusement les observations faites à ce point de vue nous font défaut, et quelques analyses incomplètes d'urines (*Vogel*, *Rabuteau*), ne nous permettent pas de trancher cette question.

Cependant nous pouvons invoquer à l'appui de cette hypothèse ce que l'on constate dans *l'alcoolisme aigu*, où l'ictère est loin d'être rare; mais il n'y a pas toujours les mêmes caractères et ne dépend pas toujours d'un processus morbide identique. Tantôt, en effet, c'est une jaunisse vulgaire, par propagation au canal cholédoque de l'inflammation gastro-duodénale ; tantôt on a sous les yeux les symptômes de l'ictère grave et l'autopsie démontre l'existence d'un ramollissement jaune aigu du foie; tantôt, enfin, l'ictère est bénin, de courte durée et relève de l'hémaphéisme. La présence de ce pigment dans les urines et les tissus s'explique alors à la fois par une dénutrition globulaire rapide et l'inertie par épuisement consécutive à une trop vive stimulation de la glande hépatique. (Gubler, Leç. thérap.)

Nous ne pouvons que signaler ici l'intéressant travail de *M. Lécorché* sur l'ictère sanguin dans l'intoxication phosphorique. (Arch. de phys., 1868, p. 579.)

Si la jaunisse n'apparaît qu'exceptionnellement dans l'alcoolisme aigu, il est par contre très-fréquent d'y constater l'hémaphéisme urinaire. D'autre part certains faits « d'embarras gastriques » avec ictère hémaphéique ont sans doute pour cause des excès de boissons. Enfin nous avons vu deux exemples bien nets d'ictère hémaphéique alcoolique. Dans le premier cas (obs. XII), il s'agissait d'un individu atteint de delirium tremens chez qui nous ne pûmes pas constater de légions organiques du foie. Dans le second (obs. XXIV), il existait déjà une cirrhose peu avancée au point de vue anatomopathologique, lorsqu'un accès de délire alcoolique amena une mort rapide. Ici, l'ictère était très-prononcé, les urines ne renfermaient pas trace de pigment biliaire, mais une quantité considérable d'hémaphéine.

Ces deux faits permettent, je crois, d'affirmer l'existence d'un ictère hémaphéique alcoolique.

Observation XII (personnelle) résumée.

Delirium tremens. — Congestion du foie. — Ictère hémaphéique très-passager.

V... (Victor), 31 ans, garçon marchand de vin, entre le 16 juin 1877, salle St-Louis, 23 (service de M. Gubler).

Ce malade présente tous les symptômes du delirium tremens. Il nous apprit du reste trois jours après qu'il avait, pendant la semaine précédant son entrée à l'hôpital, fait de grands excès alcooliques.

La face a sa coloration normale ; le foie est gros, un peu douloureux à la pression. Les urines sont très-hémaphéiques.

Le 18. Les phénomènes nerveux, agitation, délire, etc., sont toujours très-prononcés. Urines ut supra. Rien du côté de la peau. Constipation.

Le 19. Même état général. Apparition depuis la veille au soir d'un ictère léger, seulement perceptible à la face et aux conjonctives. Même coloration des urines.

Le 21. L'état général s'améliore beaucoup. Le malade est calme. Les urines sont presque normales. L'ictère s'atténue très-notablement. Le soir il a presque entièrement disparu.

Le 20. Les phénomènes nerveux ont cessé. Peau et urines de coloration normale.

Le 25. Exeat, entièrement guéri.

Pyrexies et Phlegmasies aiguës.

Peu de questions sont aussi obscures que la pathogénie des ictères survenant dans ce que l'on appelle « l'état bilieux, » qui tantôt constitue à lui seul toute la maladie, tantôt vient compliquer diverses pyrexies ou phlegmasies aiguës. Comment expliquer, en effet, la jaunisse qui se produit dans le cours des pneumonies, des embarras gastriques, des fièvres intermittentes, et qui est dans les pays chauds un symptôme si fréquent des maladies générales (fièvres pernicieuses, bilieuses, hématuriques, etc.) ?

Comme dans ces cas il est impossible d'invoquer la rétention biliaire, que les selles présentent une coloration intense, les vomissements un aspect bilieux, on en arriva à admettre que la sécrétion hépatique était exagérée, qu'il y avait polycholie. Il fallut également supposer qu'il se produisait alors une distribution anormale de la bile (Frerichs), une perturbation fonctionnelle de la sécrétion biliaire qui établit un courant vers ces conduits et un autre vers le sang (J. Simon) (1). Est-ce là une interprétation satisfaisante de l'ictère, ou n'est-ce pas plutôt une hypothèse destinée à masquer notre impuissance à en expliquer la genèse? Et d'abord, est-ce bien toujours la bile qui donne lieu à la coloration jaunâtre des téguments? Cette question ne peut être tranchée que par l'examen des urines. La plupart des auteurs n'hésitent pas, il est vrai, à y affirmer la présence du pigment biliaire, mais on sait combien ces assertions sont sujettes à caution, et quelle tendance ont beaucoup de cliniciens à considérer comme caractéristiques de la biliphéine les colorations les plus variées produites par l'acide nitrique, alors même qu'elles diffèrent essentiellement de la réaction classique de Gmelin. Nous avons déjà, par exemple, souligné les lignes de Frerichs, où la dénomination « bilieuses » est donnée à des urines de caractères très-dissemblables et qui, pour nous, ne renferment d'autre pigment anormal que l'hémaphéine.

Du reste, certains auteurs n'ont pas hésité à reconnaître que la présence de la bile est loin d'être constante dans les urines, alors que l'ictère survient dans le cours de pneumonies ou d'embarras gastriques dits bilieux. Ainsi, Grisolle mentionne quatre cas de pneumonie avec ictère intense, où l'acide nitrique ne révéla pas l'existence du pigment biliaire dans les urines. De même, pour ne citer que les contemporains, Saint-Vel et Ballot, dans la première période de la fièvre jaune, Pellarin et Louvet, dans les fièvres bilieuses hématuriques, ont, comme nous le verrons, souvent cherché en vain la matière colorante de la bile et ont obtenu les réactions hémaphéiques.

C'est à des résultats identiques que nous sommes plusieurs fois arrivé, et nous donnerons la relation de divers

(1) J. Simon. Art. Ictère. Dict. de méd. prat.

faits d'ictère compliquant des pyrexies ou des phlegmasies aiguës, alors que les urines, dénuées de pigment biliaire, renfermaient, à côté d'un grand excès d'urochrome, une quantité considérable d'hémaphéine.

Mais comment se produit cet hémaphéisme dont souvent relèverait pour nous cette variété de jaunisse? Il reconnaît pour causes, d'une part, la dénutrition globulaire rapide, qui n'est pas à démontrer, et, d'autre part, une perturbation profonde de la sécrétion hépatique, que tout porte à admettre.

Ce qui caractérise, en effet, les maladies générales, c'est la tendance de la cause morbifique à frapper tous les appareils, à entraver le jeu régulier de tous les actes vitaux, à altérer par suite organes et fonctions, humeurs et solides. Que, par suite d'une influence saisonnière, d'une prédisposition individuelle, etc., le foie subisse une profonde atteinte; que, « soumise à des innervations désordonnées, » sa vascularisation soit brusquement troublée; qu'il y ait, en d'autres termes, congestion ou anémie de cet organe, les deux conditions pathogénétiques de l'hémaphéisme sont à la fois réalisées : afflux de l'hémoglobine et impuissance du foie à la transformer en pigment biliaire.

Aussi, dans ces affections, l'urine est-elle riche à la fois en urochrome et en hémaphéine, et présente-t-elle une intensité de coloration qui peut être utile au diagnostic.

Si l'on songe, en outre, que dans ces maladies toutes les sécrétions sont rares, et, par suite, l'élimination de l'hémaphéine est plus ou moins entravée, on comprendra que parfois l'hémaphéisme puisse revêtir sa forme symptomatique la plus nette, l'ictère.

De ces considérations *a priori* découlent des conclusions que l'observation clinique vient justifier. Ainsi, l'ictère est assez fréquent dans les maladies à invasion brusque, dans les affections *a frigore*, embarras gastriques ou phlegmasies pulmonaires accès intermittents, où l'organisme est en quelque sorte surpris par l'influence morbide ; il est, au contraire, exceptionnel dans les maladies à invasion et marche lente, alors que le corps subit une détérioration progressive, que la combustion est moins active, dans la fièvre typhoïde, par exemple, où, du reste, les urines sont très-pauvres en hémaphéine (Alb. Robin).

De même, on observe surtout la jaunisse à la suite de processus pathologiques qui retentissent plus directement sur le foie, par contiguïté de tissus (pneumonies et pleurésies) ou communauté de fonctions (inflammations gastro-intestinales).

Enfin, et c'est là l'argument le plus décisif en faveur de notre manière de voir, l'ictère présente dans ces cas tous les caractères assignés à l'hémaphéisme cutané. Les auteurs, en effet, qui se sont occupés de l'état bilieux, ont été frappés des différences qui existent entre cet ictère et la jaunisse vulgaire. Il y a plutôt, disent-ils, suffusion subictérique que coloration jaune foncé des téguments (Brochin), et les selles, loin d'être argileuses, sont au contraire très-colorées d'habitude. Les malades accusent souvent une sorte de tension et une sensation de douleur généralement sourde et obscure dans l'hypocondre droit. Enfin, fréquemment la palpitation et la percussion révèlent soit une augmentation, soit une diminution de volume du foie, due à des modifications pathologiques de sa circulation qui retentissent nécessairement sur l'activité fonctionnelle de cet organe.

Ce sont bien là les caractères de l'ictère hémaphéique, moins nets toutefois que dans d'autres affections, dans l'intoxication saturnine par exemple : car il est difficile de faire la part de ce syndrome au milieu des manifestations morbides si multipliées et si variées des maladies générales.

Tous ces faits plaident en faveur de la théorie de notre maître sur l'ictère sanguin. Cependant, nous ne saurions sur un petit nombre d'observations asseoir une doctrine exclusive, et, en présence des faits bien étudiés qui semblent contraires à notre manière de voir, nous devons faire des réserves et admettre que l'ictère dans les maladies générales peut aussi dépendre de plusieurs causes encore mal connues, pléthore bilieuse, distribution anormale de la bile, etc.

Du reste, nous pouvons invoquer à l'appui de notre manière de voir les travaux de plusieurs médecins de marine, qui assignent à l'hémaphéisme un rôle considérable dans la pathogénie de l'ictère dans certaines fièvres graves des pays chauds.

En ce qui concerne *la fièvre bilieuse hématurique*, qui ne paraît être qu'une des manifestations de l'impaludisme, nous devons citer les recherches de Barthélemy-Benoit (1), de Loupy (2), de Louvet (3) et de Pellarin (4).

B. Benoit, tout en admettant le passage de la bile dans le sang, donne une description des urines qui semble peu conforme à cette opinion. Nous lui laissons la parole : « Jamais, à aucun temps de nos divers essais par les acides, « nous n'avons vu se produire la coloration caractéristique « de la présence de la bile. »

Loupy (2) arrive à la conclusion que la coloration anormale urinaire ne tient pas à la présence de la bile, mais bien à celle du sang, à de l'hématine (?) en dissolution.

Pellarin (4), à son tour, donne plusieurs observations de fièvre bilieuse hématurique, où l'ictère se produisit sans suffusion biliaire dans les urines : nous donnons plus loin

(1) Barthélemy-Benoît. De la fièvre bilieuse hémat., etc. (Arch. méd. nav., 1865).

(2) Loupy. De la fièvre ictéro-hémorrhagique (id., p. 24).

(3) Louvet. De l'hémat. et de l'hémaph. dans la fièvre ictéro-hémor. (Arch. méd. nav., 1876, p. 251).

(4) Pellarin. De la fièvre bilieuse hématurique observée à la Guadeloupe (Arch. med. nav., 1876).

le résumé de deux d'entr'elles. Si l'on s'en tient aux descriptions de ces auteurs, à part les cas où les urines étaient noires, on voit qu'elles présentaient les caractères de l'hémaphéisme. Du reste Louvet a, dans un cas, soumis ces urines à une analyse chimique détaillée dont il nous fournit les résultats. Toujours il y a hématurie et hémaphéisme par déglobulisation rapide. Louvet donne l'histoire d'un malade chez qui furent examinées comparativement la sérosité pleurale et la bile trouvée à l'autopsie. Des différences fondamentales entre ces deux liquides au point de vue chimique lui permirent de porter ce fait à l'actif de l'hémaphéisme. « Je ne fais qu'indiquer, dit-il, comment la théo- « rie de l'hémaphéisme cadre avec l'effrayante anémie con- « sécutive à la fièvre ictéro-hémorrhagique encore bien mieux « que la théorie absolue du biliphéisme qui est impuissante « à rendre compte de tous les excréments de la déglobuli- « sation. »

Quant à la *fièvre jaune*, il est certain qu'à la seconde période la bile apparaît dans les urines : mais l'ictère reconnaît-il toujours pour cause le pigment biliaire ? Lorsqu'on lit les descriptions des auteurs, on est frappé d'y voir signaler dans les urines les réactions de l'hémaphéisme. C'est ainsi que Vidaillet (1) dit avoir obtenu par l'emploi de l'acide nitrique une coloration identique à celle qui pour nous est pathognomonique de l'hémaphéisme. Depuis longtemps du reste plusieurs auteurs avaient mis en lumière ce fait que l'ictère n'a pas toujours dans la fièvre jaune les mêmes caractères.

Cette question avait déjà été élucidée par deux auteurs français, MM. Saint-Vel et Ballot.

(1) Vidaillet. De l'examen des urines dans la fièvre jaune (Arch. méd. nov., 1869).

M. Saint-Vel (1) dit qu'il se produit dans cette affection deux espèces d'ictère : le premier constant, caractéristique (ou ictéricie), le second accidentel (ictère vrai ou bolihémie.) Les éléments de la bile retenus dans le sang donnent naissance à la bolihémie ; le sang dissous par l'agent septique produit l'ictéricie.

Les conclusions de Ballot (2) sont encore plus précises ; elles s'appuyent sur 300 observations. Il existe, d'après cet auteur, deux ictères dans la fièvre jaune : l'un apparaissant au début de la deuxième période, coïncidant avec les accidents hémorrhagiques où les urines sont rouge brun et ne se colorent pas en vert par l'acide azotique, l'autre se produisant à la fin de cette période, alors que les urines brunes donnent la réaction caractéristique de la bile.

Tous ces faits prouvent donc que non-seulement une teinte ictéroïde, mais même une coloration franchement ictérique peuvent apparaître en dehors de toute suffusion biliaire dans les urines. C'est ce que montrent aussi les observations que nous reproduisons ici.

1° PNEUMONIE.

OBSERVATION XIII.

(Gubler. Union médicale, 1859, résumée).

Fièvre intermittente. — Cachexie palustre. Pneumonie droite avec ictère hémaphéique. — Leucocytose subite. — Autopsie.

X..., 21 ans, entré le 16 février 1859, salle Saint-Louis, 26.

Les accès intermittents avaient cédé à la quinine, quand le 22 mars apparurent les symptômes d'une pneumonie droite.

(1 Saint-Vel. Des ictères de la fièvre jaune (Compte-rendu. Ac. sc., 1857).

(2) Ballot. Etudes sur la fièvre jaune (Gaz. heb., 1858).

Le 25. Aggravation considérable de l'état général. Anxiété. Teinte subictérique.

Le 27. Ictère intense. Sclérotiques jaune foncé. P. 135; R. 52. Cyanose des extrémités. Vomissements bilieux. Urines jaune brun, hémaphéiques, très-albumineuses, renfermant du bleu. — Mort.

Autopsie. Coloration ictérique générale des téguments. Tissu cellulaire du médiastin infiltré d'une sérosité jaunâtre qui ne se colore pas en vert par l'acide nitrique. Foie volumineux. Rate énorme. Reins anémiés, graisseux. — Inflammation de presque tout le poumon droit.

Observation XIV (personnelle) résumée.

Pneumonie droite aiguë. — Epistaxis. — Anémie consécutive. Ictère hémaphéique. — Guérison.

P... (Jacq.), entré le 31 janvier 1877, salle Saint-Louis, nº 16 (service de M. Gubler).

Bonne santé habituelle, mais privations dans ces derniers temps. Début de la pneumonie le 26 janvier par point de côté, petits frissons; le lendemain teinte jaunâtre de la face et des sclérotiques

A l'entrée, le 31, ictère prononcé. Etat saburral très-marqué. Pneumonie du lobe moyen droit au 2ᵉ degré. T. 39,8. Constipation. Urines *très-hémaphéiques*, sans pigment biliaire (donnant par l'acide nitrique une teinte rouge brun, sans reflets verdâtres, colorant l'éther en jaune rougeâtre). Pas de modifications apparentes du volume du foie.

Pendant toute la période fébrile, du 1er février au 6 février, l'ictère persiste : il tend à diminuer à partir du 3, en même temps que les urines se décolorent progressivement. Le 3, évacuations alvines abondantes, très-colorées.

Le 6, l'ictère a presque entièrement disparu, les urines sont normales.

A partir de cette époque la guérison survint, mais lentement : la faiblesse demeura longtemps très-grande, la face pâle, très-anémique. La résolution locale ne marcha aussi que très-lentement. Il se produisit à plusieurs reprises des épistaxis.

Le malade alla à Vincennes le 16 mars : les forces n'étaient pas encore revenues.

Observation XV (personnelle) résumée.

Pneumonie droite. — Etat général grave. — Ictère hémaphéique.

P... (Cath.), 54 ans, entre le 5 avril 1875, salle Saint-Roch, n° 4, Hôtel-Dieu (service de M. Moissenet).

Début le 2 avril par forts frissons, point de côté à droite, nausées, grand abattement.

Le 5. Etat général grave. Inflammation aiguë des 2/3 inférieurs du poumon droit. Le foie paraît un peu augmenté de volume. La peau, surtout la face, et les sclérotiques ont une couleur jaune assez prononcée. P. 100 ; T. 40. Constipation.

Urines rouges, ne renfermant pas de pigment biliaire.

Le 6. Adynamie profonde : urines involontaires, toujours dépourvues de biliphéine. Ictère stationnaire. — T. 39,2 matin et soir. Potion alcoolique.

Le 7. *Statu quo.* — Temp. 40,6 le matin ; 40 le soir.

Le 8. L'abattement est extrême ; l'ictère est plus prononcé. Mêmes caractères et urines. Une selle colorée. Dans la journée la fièvre tomba. 38,2 le matin, 37,2 le soir.

Le 9. A partir de ce moment, apyrexie, amélioration rapide de l'état général et des phénomènes locaux. Diminution progressive de l'ictère qui avait disparu entièrement le 11.

A sa sortie, le 14, la malade n'avait pas encore recouvré ses forces.

Observation XVI (personnelle) très-résumée.

Perforation de la vésicule biliaire dans la plèvre. — Colique hépatique. — Pleuro-pneumonie droite consécutive. — Deux poussées d'ictère hémaphéique. — Autopsie.

B... (Pierre), 57 ans, entré le 28 mars 1877, salle St-Louis, n° 11 (service de M. Gubler).

Quinze jours avant son entrée, violentes douleurs dans la région du foie : état général bon ; jaunisse persistant depuis cette époque et qui décide le malade à entrer à l'hôpital.

On constate alors un ictère assez prononcé sur tout le corps : point de côté toujours fort à droite. Matité, diminution du bruit respiratoire, des vibrations thoraciques et légère égophonie à la base du poumon droit. Foie arrivant en avant au niveau des fausses côtes.

Urines très-hémaphéiques, colorant le linge en jaune rouge, sans pigment biliaire.

Le surlendemain, 30 mars, l'ictère a presque entièrement disparu ; du 5 au 10 avril la peau et les urines ont repris leur coloration normale. Les signes locaux seuls persistent.

A partir du 11 avril on constate les symptômes d'une pleuro-pneumonie subaiguë : les urines redeviennent hémaphéiques.

Le 15, *l'ictère réapparaît*, mais moins intense qu'au début. A partir de ce moment le malade s'affaiblit rapidement, sans que l'état local parut se modifier. Il mourut subitement le 27.

Autopsie. Calcul volumineux dans la vésicule biliaire ; périhépatite, adhérences intimes de la plèvre et du foie au diaphragme. Vésicule biliaire communiquant avec la plèvre par un trajet fistuleux. Epanchement, un peu purulent, dans la plèvre droite (1 litre de liquide). Pneumonie caséeuse du lobe inférieur droit.

Réflexions. Ce malade présenta de grandes difficultés de diagnostic. Son histoire semble pouvoir être résumée de la manière suivante : au début, colique hépatique avec ictère vrai, devenu hémaphéique à son entrée. Le calcul s'ouvre une voie vers la plèvre en déterminant un travail inflammatoire sourd. A un certain moment phénomènes aigus de pleuro-pneumonie, et en même temps ictère, cette fois hémaphéique, dès le début, ce qui écarta l'hypothèse d'une seconde colique hépatique. Enfin mort subite à la suite de la perforation de la plèvre. — Dans ce fait l'état des urines a été d'un certain secours pour le diagnostic.

Observation XVII (personnelle) résumée.

Pleuro-pneumonie droite avec ictère hémaphéique.

B... (Alex.), garçon boulanger, entré le 29 décembre 1877 salle Saint-Louis, n° 26 (service de M. Gubler).

A eu plusieurs fois la jaunisse dans des conditions qu'il ne peut préciser.

Le 27 décembre frisson violent, point de côté au niveau du mamelon droit, puis fière, crachats rougeâtres, grande dyspnée.

A son entrée, coloration ictérique de la face que le malade a remarqué depuis la veille. Fièvre assez vive. Pouls 100. Signes de pleuro-pneumonie dans la moitié inférieure du poumon droit (matité, souffle bronchique, râles crépitants fins, diminution des vibrations thoraciques, broncho-égophonie). Crachats rouillés. La dyspnée a diminué.

Urines très-colorées, très-hémaphéiques (acide azotique et teinture d'iode). Foie ne dépassant pas le niveau des fausses côtes, douloureux à la percussion. Constipation.

Le 30. Fièvre tombée. Râles crépitants de retour dans la moitié inférieure du poumon droit. Urines toujours très-colorées. L'ictère a sensiblement diminué.

Le 31. La teinte subictérique des conjonctives n'est pas encore entièrement effacée ; les urines sont moins colorées. Une selle demi-colorée. Les signes de résolution du côté du poumon s'accentuent. Etat général bon.

A partir de ce moment nous quittâmes le service. 4 jours après nous revîmes ce malade en voie de guérison.

Observation XVIII.

(Communiquée par notre excellent ami, Chevance, externe du service de M. Millard).

Pneumonie du sommet droit. — Ictère hémaphéique. — Guérison.

B..., 29 ans, boulanger, entré le 18 décembre 1877, salle Beaujon, n° 11 (service de M. le Dr Millard).

Homme fort et vigoureux. Pas de maladies antérieures.

A la suite d'un refroidissement, il fut pris six jours avant son entrée à l'hôpital d'un violent frisson qui dura deux heures environ, puis d'un point de côté à droite. En même temps nausées et vomissements qui se répétèrent pendant deux ou trois jours.

Le 19. On est frappé de la teinte jaune-citron uniformément répandue sur toute la peau et les sclérotiques. Vésicules d'herpès sur les lèvres et les ailes du nez. Langue sèche, blanche au milieu, rouge sur les bords.

Inappétence. — Pouls à 88 ; T. le matin 37,5, le soir 37,9.

Matières fécales de couleur très-foncée. Urines très-colorées, très-albumineuses. Ni l'acide azotique ni la teinture d'iode ne révèlent la présence de la bile. Foie dépassant à peine le rebord des fausses côtes.

Dyspnée. Crachats un peu adhérents, légèrement colorés. A

l'examen de la poitrine, on constate : submatité dans la fosse sous-épineuse droite et l'aisselle, râles crépitants fins dans la même région.

Vésicatoire, ipéca stibié, Bordeaux.

Le 20. Soulagement notable après le vomitif. Quelques sueurs. Les crachats sont très-adhérents et finement striés de sang. Les râles crépitants ont fait place à des râles de retour. Pas de souffle. T. 37,4.

Le 21. L'ictère diminue : seules, les sclérotiques sont encore jaunes. Pas de bile dans les urines qui sont toujours très-colorées.

Le 22. Plus de râles.

Le 24. Le point de côté persiste. La teinte ictérique a disparu. Urines encore très-albumineuses, pas de bile. — Vésicatoire.

Les jours suivants l'état du malade alla toujours en s'améliorant, et à sa sortie il n'y avait plus d'albumine dans les urines.

2° RHUMATISME ARTICULAIRE AIGU.

L'ictère est, on le sait, une complication rare du rhumatisme articulaire aigu, bien que les urines présentent toujours à un certain degré les caractères de l'hémaphéisme ; cependant Baillet en a cité quelques cas dans sa thèse (1862). Dans toutes ses observations la présence de la bile dans les urines est signalée : sur ce point toutefois il y aurait peut-être quelques réserves à faire. Pour notre compte nous n'avons vu survenir qu'une seule fois la jaunisse dans le cours d'un rhumatisme articulaire aigu très-grave, à complications multiples, et l'analyse des urines ne permit pas de révoquer en doute l'existence du pigment biliaire. Mais l'ictère peut aussi reconnaître pour cause l'hémaphéisme, comme en font foi les deux observations suivantes, recueillies dans le service de M. Millard, par notre cher camarade Tapret. Un de ces faits présenta même cette particularité remarquable qu'il y eut rechute de rhumatisme et en même temps poussée nouvelle d'ictère hémaphéique.

Observation XIX.

(Résumé de l'observation communiquée par notre collègue Tapret)

Rhumatisme articulaire subaigu. — Teinte subictérique hémaphéiqu
Rechute de rhumatisme. — Nouvelle poussée d'ictère.

Meyer (Nic), 33 ans, cocher, entré le 17 novembre 1877 à l'hôp tal Beaujon, service de M. le Dr Millard, salle Beaujon, n° 9.

Attaque de rhumatisme à l'âge de 15 ans. — Depuis un mois do leurs vagues dans les membres, qui acquirent une grande intensi quatre jours avant son entrée, s'accompagnèrent de fièvre et forcèrent à garder le lit. En même temps le malade s'aperçut qu était un peu jaune.

A l'entrée on constata l'existence d'un rhumatisme subaigu gén ralisé avec teint subictérique de la face. Urines troubles, foncé ne renfermant pas de bile. — Diagnostic : *ictère hémaphéique.* 39°,1 et 39°,6., Traitement huile de ricin. — Salicylate de soud 8 gr.

Le 19. Transpiration abondante. Teinte subictérique pronon surtout sous la langue et au niveau des conjonctives. Rien cœur.

L'amélioration se produisit rapidement : le 21 la teinte icté que avait complètement disparu. Au bout de quelques jours, le m lade guéri put aller à Vincennes.

Mais, dix jours plus tard, il revint, repris de douleurs artic laires. Il existait de nouveau une teinte jaunâtre de la face. L urines ne présentaient toujours pas trace de bile. Cette chute fut de courte durée et le malade sortit définitiveme guéri.

Observation XX.

(Résumé de l'obs. comm. par notre collègue Tapret).

Rhumatisme articulaire aigu. — Pleurésie droite. — Teinte subict rique hémaphéique. — Guérison.

Picard (Flore), couturière, 50 ans, entrée le 24 février 18 à Beaujon, salle Sainte-Monique, n° 14, service de M. le Millard.

Plusieurs attaques de rhumatisme généralisé depuis l'âge de 13 ans, la dernière il y a dix ans, qui dura six mois.

Malade depuis trois jours.

A son entrée, douleurs vives dans les articulations des membres inférieurs. Sueurs abondantes. Sudamina. Fièvre vive. Léger frottement à la base du cœur. *Rien dans la plèvre. Teinte subictérique.* Les urines sont colorées, hémaphéiques, ne présentent pas trace de bile.

Le rhumatisme se généralisa rapidement.

Le deuxième jour de son entrée, on constata les signes d'un petit épanchement pleural à droite (dans le 1/3 inférieur).

Le rhumatisme ne présenta pas d'autres complications ; la teinte subictérique persista ; les urines, examinées à plusieurs reprises, ne donnèrent jamais les réactions caractéristiques du pigment biliaire. Le frottement au niveau du cœur et de la plèvre persista jusqu'à la sortie de la malade (29 mai).

Reflexions. — Cette observation peut donner, à notre point de vue, matière à contestation en ce qui concerne la pathogénie de l'ictère. Il est possible en effet de rattacher la jaunisse, moins au rhumatisme lui-même, qu'à sa complication pleurale, surtout lorsqu'on songe que l'épanchement siégeait à droite. Cependant contre cette interprétation plaide ce fait que l'ictère existait déjà alors que la plèvre ne présentait aucune altération. Du reste l'épanchement pleural ne fut jamais considérable.

3° EMBARRAS GASTRIQUE.

OBSERVATION XIX bis (Personnelle).

Embarras gastrique fébrile a frigore. — Ictère hémaphéique.

Cécile F..., valet de chambre, 33 ans, entré le 16 juin 1877, salle Saint-Louis, n° 28 bis (service de M. Gubler).

S'est refroidi le 6 juin ; depuis cette époque courbature, anorexie, nausées, fièvre assez vive. Il prit deux purgatifs et un vomitif, eut des selles très-colorées, brun foncé. Le 11 juin l'état général ne s'était pas amélioré ; il s'aperçut qu'il avait de la jaunisse.

Le 16. On constate tous les signes d'un embarras gastrique

fébrile avec constipation. T. 38,5; P. 80. Coloration subictérique de tout le corps. Conjonctives moins jaunes. Pas de démangeaisons. Le foie paraît avoir son volume normal. Urines très-hémaphéiques, sans pigment biliaire.

Le 17. A la suite d'un purgatif, selles très-colorées, brunes.

Le 18. Ictère stationnaire. La fièvre est tombée : le pouls est à 72.

Le foie est un peu plus petit que l'avant-veille. Les urines sont moins hémaphéiques, jaune d'ambre.

A partir du 19, l'état général s'améliora rapidement : le 21, les urines avaient repris leur coloration normale.

Le 22, l'ictère avait entièrement disparu. Le pouls ne tomba pas au-dessous de 70 pulsations ; il n'y eut jamais de prurit.

Le 27, le malade sortit entièrement guéri.

Observation XX bis (personnelle).

Embarras gastrique chez un alcoolique. — Diminution passagère de volume du foie. — Ictère hémaphéique.

M... (H.), 40 ans, entré le 12 juin 1877, salle Saint-Louis, n° 29 (service de M. Gubler).

Avoue des habitudes alcooliques invétérées, mais nie tout excès récent? Présente depuis huit jours des phénomènes d'embarras gastrique (vomissements, anorexie, constipation). Tremblement alcoolique des mains. Teinte jaune des téguments et des conjonctives, aussi prononcée que dans certains ictères vrais. Foie ne mesurant que 8 cent. Urines très-hémaphéiques, ambrées, dénuées de pigment biliaire. — Ipéca.

L'ipéca ne détermina pas de vomissements, mais une diarrhée très-abondante qui dura jusqu'au 18 juin. Les selles étaient très-colorées, brun foncé. En même temps la teinte hémaphéique s'effaça peu à peu. Le foie mesure 9 cent. le 17 et 10 cent. le 18. Les urines devinrent de moins en moins colorées. L'état général s'améliora aussi progressivement. — Pouls 72.

Le 19. La peau et les urines ont repris leurs caractères normaux.

Le malade sortit guéri le 27, sans avoir jamais accusé de démangeaisons, sans que le pouls tombât au-dessous de 70 pulsations.

Observation XXI.

(Thèse E. Michel, résumée).

Fièvre gastrique à forme intermittente, contractée à la suite de fatigue et d'un refroidissement. — Ictère hémaphéique. — Guérison.

L... (Denis), 18 ans, garçon marchand de vin, fait un métier très-pénible et boit environ deux litres de vin par jour. Le 6, il s'est refroidi en descendant à la cave, et le soir même, à 5 heures, a été pris de céphalalgie, courbature, frissons, etc.

La fièvre disparaît après l'administration du sulfate de quinine.

Le 17. Rechute ; entrée à l'hôpital.

Le 18. Ictère de moyenne intensité, avec coloration plus foncée des sclérotiques. Anorexie. Etat saburral des voies digestives. Peau chaude, pouls d'une fréquence modérée. Urines d'un rouge d'ambre, prenant une couleur d'acajou foncé par l'acide azotique.

Tartre stibié 0,05, ipéca 1,50.

Le 19. L'ictère persiste, l'état général ne s'est pas modifié. Le malade raconte qu'il a eu la veille de 1 à 5 heures du soir un fort accès de fièvre. Le pouls est irrégulier (55 pulsations). Ventre douloureux à la pression. Diarrhée.

Le 20. Diminution de l'ictère. Diarrhée avec coliques, langue nette. Accès de fièvre la veille de 1 heure à 6 heures du soir. Pouls, 46 pulsations.

Le 21. Les sclérotiques seules sont encore un peu jaunes. Appétit.

Quelques coliques sans diarrhée. Le foie a 17 cent. de haut : la rate 10 cent. de haut, sur autant de large. Pouls 48. — Sulfate de quinine 1 gr.

Le 22. Légère teinte jaune des conjonctives. Etat général bon. Pouls dédoublé à 45.

Le 23. L'amélioration se soutenant, le malade sort de l'hôpital.

4° FIÈVRES BILIEUSES HÉMATURIQUES.

OBSERVATION XXII.

(Pellarin. Loc. cit., p. 204, résumée).

Fièvre bilieuse hématurique de moyenne intensité. — Type fébrile indécis. — Urines rouges et albumineuses. — Guérison.

B..., 30 ans, sujet depuis plusieurs mois à des accès intermittents. Le 24 octobre, accès plus fort : teinte ictérique légère : hypertrophie de la rate. Pression douloureuse et causant des nausées au niveau des 7e, 8e et 9e côtes droites. Urines rouge foncé, albumineuses.

Le 26. Ictère plus développé. Pouls 92-96. Urines *ut supra.* Accès léger dans l'après-midi. Vomissements.

Le 27. Mieux-être général. Urines pâles.

Le 30. L'ictère a presque complètement disparu. Au plus fort de l'ictère, les urines n'ont point donné avec les acides chlorhydrique et azotique la réaction de la matière colorante biliaire.

A partir de ce jour convalescence rapide.

OBSERVATION XXIII.

(Pellarin. Loc. cit., p. 217. Résumée.)

Fièvre rémittente bilieuse avec ictère. — Urines jaune foncé, albumineuses. — Guérison.

Sœur Pauline, accès paludéens fréquents, entrée le 3 décembre. Mouvement fébrile pseudo-continu depuis le 28 novembre 1862.

Facies pâle, un peu jaune. Teinte jaune des sclérotiques.

Le 4. Accès de fièvre.

Le 5. Ictère plus foncé. Urines d'un jaune-brun foncé, tachant fortement le linge en jaune clair, légèrement acides, se troublent par la chaleur et l'ucide azotique : celui-ci détermine au fond du tube une zone brune : la teinte polychroïque de la matière colorante de la bile est peu reconnaissabl . Par le repos il se forme dans l'urine traitée par la chaleur un sédiment grisâtre peu abondant. (Urines hémaphéiques.) L'ictère disparut rapidement, sans que les urines eussent donné les réactions de la bile.

De l'ictère hémaphéique dans les maladies du foie.

Il semblerait, au premier abord, d'après ce que nous avons dit des causes de l'hémaphéisme, que l'ictère doive être un symptôme fréquent, pour ne pas dire constant, des affections qui frappent le foie de déchéance fonctionnelle ou organique. Il n'en est rien cependant; toutefois il faut, avec M. Gubler, distinguer à ce point de vue les affections à marche rapide de celles qui n'altèrent que progressivement la structure de la glande hépatique.

Dans les premières l'ictère est assez fréquent; dans les seconds, au contraire, il ne s'observe qu'exceptionnellement, fait qui s'expliquera facilement si l'on se reporte à nos réflexions sur la marche de l'hémaphéisme.

Dans le premier groupe rentrent la *cirrhose*, le *cancer*, la *stéatose* et en général toutes les *affections organiques* du foie; dans le second *les hyperémies actives* ou *passives* de la glande hépatique. Enfin nous dirons quelques mots d'un symptôme encore inexpliqué, l'*ictère des nouveau-nés* et de l'*ictère hémaphéique consécutif* à l'ictère biliphéique.

Pour ne pas nous exposer à des redites trop fréquentes, nous ne ferons que signaler rapidement les conditions pathogénétiques de l'ictère dans ces diverses affections.

Cirrhose atrophique. — En raison du processus destructeur qui caractérise cette maladie et des perturbations profondes qu'elle apporte à la fonction hépatique, l'hémaphéisme est un symptôme constant. Les urines, si utiles au diagnostic, renferment, à côté des dépôts sur lesquels nous n'avons pas à insister, une quantité assez considérable d'hémaphéine; et cependant l'ictère est rarement observé : car à mesure que le tissu scléreux de nouvelle formation étouffe les cellules glandulaires, que la circulation et la sécrétion hépatiques subissent une atteinte de plus en plus profonde mais lentement progressive, l'hémaphéine s'élimine grâce à l'exagération du flux intestinal, de sorte qu'elle n'imprègne pas les téguments cutanés.

Mais que la sécrétion urinaire soit très-peu abondante, que la diarrhée, si habituelle dans la cirrhose, fasse défaut, l'excrétion du pigment devenant insuffisante, il pourra se produire de l'ictère. Ainsi dans toutes nos observations de cirrhose avec ictère les selles n'étaient pas plus fréquentes qu'à l'état normal. (obs. XXIV, XXVI). A ce point de vue nous signalerons tout particulièrement l'histoire d'un malade rapporté dans notre observation XXV. Cet individu entra à l'hopital avec tous les signes d'une cirrhose à marche subaigüe; cependant il n'y avait pas de diarrhée; à la suite d'une ponction, les téguments, qui ne présentaient jusqu'à ce moment qu'une teinte anémique, prirent une coloration jaunâtre très-nette. Mais dès le lendemain la diurèse s'accrut, il se produisit une diarrhée presque colliquative : l'ictère alla en s'effaçant progressivement.

D'autre part l'hémaphéine peut également envahir les téguments lorsqu'il se produit une poussée aiguë. Nous ne ferons que rappeler l'observation à laquelle nous avons déjà fait allusion et où un accès de delirium tremems détermina l'apparition d'une jaunisse assez intense dans le cours d'une cirrhose encore peu avancée.

En résumé, dans la cirrhose, c'est seulement dans les urines qu'apparait à l'ordinaire le pigment; mais il peut y avoir ictère lorsqu'il se produit un afflux brusque d'hémaphéine, ou que son élimination est incomplète.

Aussi l'ictère est-il fugace : car d'une part ces phénomènes aigus n'ont généralement que peu de durée, et d'autre part la diarrhée vient tôt ou tard compléter le tableau symptomatique de la cirrhose.

L'examen urologique nous permet de porter cette variété de jaunisse toujours peu intense à l'actif de l'hémaphéisme. Du reste nous emprunterons à Frerichs une observation de cirrhose avec ictère, où cet auteur, qui considère comme caractérisque du pigment biliaire les réactions les plus dissemblables, dut cependant noter l'absence de la biliphéine dans les urines.

Toutefois, dans certains cas, la jaunisse est due au passage de la bile dans le sang, alors que les canalicules hépatiques étant oblitérées par le tissu conjonctif, ce liquide ne peut plus couler dans l'intestin. Enfin on sait que parfois des accidents d'ictère grave précipitent la terminaison funeste de la maladie.

Nous ne ferons ici que mentionner la *cirrhose hypertrophique :* les travaux récents et en particulier la thèse remarquable de M. Hanot ont établi que la jaunisse, si constante et si intense dens cette affection, reconnaît pour cause la résorption biliaire.

Cancer. — Ici, contrairement à ce qui se passe dans la cirrhose, c'est généralement le pigment biliaire qui colore les tissus et l'ictère est dû à la compression des voies d'excrétion de la bile par des néoproductions cancéreuses. Toutefois l'hémaphéisme est loin d'être rare dans cette maladie; souvent, en effet, les urines en révèlent les caractères, alors même qu'il n'y a pas de jaunisse. D'ailleurs il nous a été donné à deux reprises d'observer l'ictère hémaphéique dans le cours d'un cancer du foie à marche rapide. Les urines du premier malade ne renfermèrent à aucun moment de pigment biliaire (obs. XXVIII). Chez le second au contraire, dans les derniers jours elles donnèrent la réaction caractéristique de Gmelin, et l'autopsie démontra que le canal cholédoque était légèrement comprimé à son origine par une masse cancéreuse (obs. XXIX).

Ce n'est pas d'ailleurs, croyons-nous, formuler une hypothèse trop aventurée que de supposer la coexistence habituelle des deux pigments, les réactions de la bile masquant sans doute celles de l'hémaphéine.

L'ictère hémaphéique s'observe donc dans les cancers du foie: peut-être même, dans certains cas, la teinte jaune paille de la cachexie empêche-t-elle d'en constater l'existence, que l'aspect seul des urines porte à soupçonner.

Stéatose. — Sur ce point nos observations ne nous permettent pas de formuler des conclusions précises. Conformément à l'opinion classique, nous n'avons jamais pu constater d'ictère chez les individus qui présentaient une dégénérescence graisseuse avancée du foie, chez les phthisiques par exemple. Cependant nous avons cru remarquer que chez ces derniers les urines prenaient une coloration hémaphéique dans deux circonstances bien différentes, dans le cours d'accidents aigus, ou lorsque, la maladie conservant son évolution chronique, il se produisait une stéatose profonde du foie. D'autre part nous savons que les poisons stéatogènes, l'alcool par exemple, donnent lieu à l'ictère hémaphéique. Peut-être aussi relève de l'hémaphéisme cette teinte jaunâtre que *Chédevergne* a signalée dans les fièvres typhoïdes compliquées de dégénérescences graisseuses de la glande hépatique.

Pour les autres affections chroniques du foie, nos observations sont muettes en ce qui concerne l'ictère hémaphéique. Du reste, nous n'avons eu sous les yeux dans ces derniers temps que peu de faits de cet ordre. Toutefois, nous devons à la complaisance de notre cher camarade *Tapret*, d'avoir pu observer, dans le service de M. le Dr Millard, un individu porteur d'un kyste hydatique du foie et chez qui une coloration ictérique assez accentuée de la face et des conjonctives coïncida avec l'excrétion d'urines hémaphéiques et dépourvues de pigment biliaire.

Ictères graves. Depuis que nous étudions la question qui fait le sujet de ce travail, nous n'avons pas vu un seul cas d'ictère grave : il nous est donc impossible d'établir la part de l'hémaphéisme dans cette affection, si obscure du reste à tant de points de vue.

Plus heureux que nous, notre excellent collègue Doléris a eu récemment l'occasion d'observer huit cas d'atrophie aiguë du foie, et a bien voulu nous communiquer à ce sujet une note fort intéressante à laquelle nous empruntons les passages concernant les pigments urinaires :

« Huit cas d'atrophie aiguë du foie, dont quatre suivis de mort, ont été observés à l'hôpital militaire de Lille dans le service de M. le Dr Arnoult ; l'examen histologique a démontré une dégénérescence graisseuse rapide de plusieurs organes, et en particulier du foie dont le volume était notablement diminué et qui avait subi une destruction complète d'un grand nombre de ses cellules.

« Les quatre malades qui ont succombé ont présenté des phénomènes ataxo-adynamiques graves et des hémorrhagies multiples. Dans les huit cas observés la maladie a débuté par des douleurs vagues rapidement suivies de l'apparition d'un ictère très-foncé, et dont on a pu constater la longue persistance chez ceux qui ont survécu.

« L'urine qui a été l'objet d'analyses chimiques et suivies a présenté, comme caractères constants :

« *A.* 1° Un dépôt brunâtre pulvérulent au fond des vases dès le premier jour. Ce dépôt n'a cessé de se former qu'avec le début de l'amélioration générale chez les quatre survivants ; nous l'avons vu chez eux persister en moyenne de huit à dix jours.

« 2° Chez les quatre sujets pour lesquels la mort est

survenue très-rapidement (36 h., 24 h., 48 h. et 3 jour après leur entrée à l'hôpital), il est remarquable que l dépôt de pigment biliaire a disparu quelque temps avant l mort (de 12 à 24 heures). Il n'en existait pas non plus dan l'urine recueillie sur le cadavre. Ce fait a été attribué tant la lésion hépatique arrivée à son degré ultime de gravité qu'aux lésions de même nature siégeant dans les reins.

« *B*. Une coloration d'abord foncée moyennement *aca jou*, puis *jaunâtre*, puis verdâtre et enfin arrivant à so maximum, *teinte café* avec des reflets verts, pour revenir la couleur normale en passant par la série successive inverse de ces teintes chez les survivants. Dans les quatr cas mortels l'urine trouvée dans la vessie au moment de l mort était parfaitement claire et limpide, tandis que le jou même ou la veille elle était à son maximum de colo ration. L'analyse de l'urine excrétée pendant les dernier moments a révélé *l'absence du pigment biliaire*.

« *C*. Dans tous les cas et constamment la présence d pigment biliaire a été décelée par l'acide nitrique qui donné un précipité vert très-foncé, jamais autre.... »

Il est donc incontestable que, dans l'atrophie aiguë d foie, la coloration anormale des téguments est due au pas sage de la bile dans le sang. Mais il est à remarquer que l pigment biliaire fit toujours défaut dans les urines au derniers moments de la vie, alors que les altérations orga niques et fonctionnelles du foie sont le plus prononcées. C fait qui s'explique aisément par la théorie de l'hémaphéism s'observe également, comme nous le verrons, dans la jau nisse vulgaire bénigne où l'ictère biliphéique fait souven place à l'ictère hémaphéique.

1° CIRRHOSE ATROPHIQUE.

OBSERVATION XXIV.

(Communiquée par notre excellent collègue Doublet).

Cirrhose atrophique peu avancée. — Delirium tremens. — Ictère hémaphéique intense. — Mort.

D... (Victor), blanchisseur, entré le 9 juillet 1875, salle Saint-Jean, n° 5 (service de M. Guyot).

Accidents alcooliques anciens. Présente depuis dix mois de la dyspepsie, du météorisme. A eu une hématémèse. Entre à l'hôpital en proie au delirium tremens.

Tympanisme considérable avec ascite. Foie paraît diminué de volume. Jaunisse légère. Peu de diarrhée.

Le délire se calma au bout de trois jours : l'ictère s'accentua de jour en jour. Les urines tachent le linge en jaune, sont rouge brun, donnent par l'acide nitrique une teinte brunâtre (hémaphéiques).

Mort le 14 juillet sans phénomènes nouveaux.

A l'autopsie on constate l'existence d'une cirrhose atrophique encore peu avancée.

OBSERVATION XXV (personnelle) très-résumée.

Cirrhose atrophique. — Teinte subictérique hémaphéique apparaissant après une ponction, s'effaçant quand se produisit la diarrhée.

L... (Ch.), 38, ans, verrier, entre le 21 mai 1877 salle Saint-Louis, n° 26 (service de M. Gubler).

A son entrée, il raconte avoir fait de grands excès alcooliques dit n'être malade que depuis six semaines. L'anasarque, débutant par l'abdomen, a rapidement gagné les membres inférieurs. Il digère mal, n'a pas de diarrhée. — Ascite considérable, hypertrophie de la rate. Région hépatique douloureuse à la pression. Le foie ne peut être mesuré. Anorexie. Soif vive. Teinte pâle des téguments. Urines cirrhotiques peu abondantes.

L'ascite faisant de rapides progrès, on fait le 25 mai une ponction et on retire 11 litres de liquide séreux. Le foie, examiné après la ponction, a peu diminué de volume.

Le malade urine plus les jours suivants.

Le 26. Il se produit une coloration subictérique de la face et des conjonctives. Les urines rouge-brun ne renferment pas de trace de bile.

Le 28. Le malade se sent mieux portant : mais il a une diarrhée abondante. L'ascite s'est reproduite. La teinte ictérique a notablement pâli. Il ne rend ce jour que 250 gr. d'urine environ.

Du 29 au 31, la diarrhée continue. La teinte anormale des téguments disparaît complètement.

L'état général alla en s'aggravant à partir de cette époque et le malade sortit, sur sa demande, le 12 juin.

L'ictère ne s'était pas reproduit.

Observation XXVI (personnelle) résumée.

Cirrhose alcoolique. — Péritonite chronique. — Pas de diarrhée. Teinte subictérique hémaphéique. — Autopsie.

P..., 60 ans, entré le 25 avril 1877, salle Saint-Louis, nº 19 (service de M. Gubler).

Ce malade présente à son entrée tous les signes de la cirrhose, moins la diarrhée (ascite, foie petit, dilatation des veines tégumentaires abdominales, hypertrophie de la rate, dyspepsie.) Face pâle : urines un peu plus colorées qu'à l'état ordinaire.

Aggravation rapide : les selles continuent à être rares. Les urines prennent peu à peu une coloration plus foncée, hémaphéique.

Enfin le 5 mai, on constate une légère coloration jaunâtre des conjonctives et de la face qui envahit tout le corps les jours suivants. Les urines sont très-hémaphéiques, dépourvues de bile.

Le 15 mai se produisit une bronchite intense avec phénomènes asphyxiques, et le malade succomba le 17 mai.

Autopsie. — Foie petit. Cirrhose très-avancée. Sérosité sanguinolente dans le péritoine. Péritonite chronique avec fausses membranes dans une grande partie de l'abdomen.

Observation XXVII.

(Frerichs, Loc. cit., p. 353. Très-résumée.)

Péritonite chronique. — Induration fibreuse du foie. — Phénomènes typhoïdes. — Ictère léger. — Pas de bile dans les urines. — Autopsie.

M. Gittner, 38 ans, eut à la suite d'une péritonite chronique une périhépatite; puis l'inflammation pénétra dans la substance du foie, déterminant une induration fibreuse de cet organe. Comme symptômes, on nota tous les signes de la cirrhose : il y eut de l'ictère. Les urines ne présentèrent *jamais* de pigment biliaire. La mort survint au milieu de phénomènes adynamiques.

Dans le liquide ascitique, il n'y avait pas de pigment biliaire.

A l'autopsie, la vésicule biliaire ne renfermait qu'une petite quantité de bile trouble et brune.

2° CANCER DU FOIE.

Observation XXVIII (personnelle) résumée.

Cancer du foie, du rein droit et de la rate. — Teinte subictérique hémaphéique. — Autopsie.

Brich (René), 69 ans, menuisier, entré le 11 avril 1877, salle Saint-Louis, n° 17 (service de M. Gubler).

Etat cachectique très prononcé. Ascite considérable. Tumeurs marronnées au niveau du foie et de la région stomacale. Le malade répond à peine aux questions; il est souffrant depuis six mois; la face présente une teinte subictérique assez prononcée; les conjonctives sont moins colorées; les urines sont rouges, riches en hémaphéine. Constipation rebelle. L'examen des urines fait diagnostiquer un cancer du foie.

L'affaiblissement fit de rapides progrès; la teinte subictérique se prononça les jours suivants, même sur les sclérotiques. Les urines, rendues en assez grande abondance, sont toujours très-hémaphéiques.

Etat comateux à partir du 3 mai. Ictère stationnaire. Mort le 7 Mai.

Autopsie. — Foie rempli de marrons encéphaloïdes. Les voies biliaires sont libres. Peu de bile dans la vésicule. Cancer du rein droit. Noyau cancéreux de la rate. Rien dans l'estomac. Le liquide ascitique est jaune pâle, ne se colore pas en vert par l'acide nitrique.

Observation XXIX (personnelle) résumée.

Cancer du foie et de l'épiploon. — Apparition de l'ictère hémaphéique coïncidant avec la suppression de la diarrhée. — Ictère biliphéique dans les derniers jours par compression des canaux biliaires. — Autopsie.

Adnet (Ant.), 50 ans, employé, entre le 20 juin 1877, salle Saint-Louis, n° 26 (service de M. Gubler).

S'est très-bien porté jusqu'il y a cinq ans ; à ce moment, chute sur le ventre ; depuis cette époque, troubles digestifs vagues. Toutefois assez bonne santé jusqu'au commencement de l'hiver 1876-1877, où les troubles dyspeptiques s'accentuèrent. Ces phénomènes le décidèrent à venir à la consultation ; à cette époque il présentait une coloration jaunâtre hémaphéique de la face et de la rénitence au niveau de l'épigastre ; ce qui nous fit porter en dehors de tout symptôme hépatique le diagnostic : cancer du foie.

Quelque temps après il se décide à entrer à l'hôpital.

A ce moment, facies assez cachectique ; anorexie, nausées, pesanteur à l'épigastre et à l'hypochondre droit. Sensation de rénitence au niveau de l'hypochondre gauche. Diarrhée. Selles très-colorées. Urines hémaphéiques.

Peu à peu la tumeur hépatique augmenta de volume, l'ascite fit des progrès ; la diarrhée cessa et aussitôt on constata de nouveau un léger ictère de la face et des sclérotiques.

5 juillet. Aggravation très-rapide de l'état général.

Le 15. Amaigrissement extrême. On sent au niveau de l'ombilic et dans toute la cavité péritonéale de nombreuses tumeurs marronnées. L'ictère est beaucoup plus foncé ; les urines renferment une petite quantité de pigment biliaire. On soupçonne que les canalicules biliaires sont comprimés.

A partir de ce moment, adynamie profonde.

Mort le 20 juillet.

Autopsie. — Cancer du foie, du grand épiploon. Petit noyau ancéreux au niveau du pylore. Le canal cholédoque est comprimé son origine dans le foie par une petite masse cancéreuse. La sérosité péritonéale présente des reflets verdâtres.

Ictère cardiaque.

En raison de la relation étroite qui existe entre le fonctionnement et la vascularisation du foie, les troubles circulatoires de la glande hépatique constituent une des causes es plus fréquentes de l'hémaphéisme : plus rarement les éguments aussi sont colorés par le pigment.

C'est ainsi que nous avons vu l'anémie résultant du pasme vasculaire dans la colique de plomb jouer un rôle onsidérable dans l'ictère saturnin : il en est de même pour a congestion dans les pyrexies et dans les phlegmasies igües.

Dans les affections cardiaques la stase sanguine peut ussi amener des altérations sécrétoires du foie ; d'où hémaphéisme urinaire de ces maladies, d'où dans quelues cas l'ictère hémaphéique.

Nous ne saurions nier cependant que fort souvent la aunisse est due à la présence de la bile dans le sang. Si on songe en effet à la contiguité des vaisseaux du foie vec les canalicules biliaires, on comprend que la bile uisse passer dans les vaisseaux, lorsque l'équilibre de ression à l'intérieur de ces différents canaux vient à se ompre.

Sans revenir sur ces maladies où les altérations de la irculation hépatique ne sont pas la seule cause de l'ictère émaphéique, nous nous bornerons ici à signaler l'existence e cette variété de jaunisse dans les affections organiques u cœur (lésions mitrales, dégénérescence graisseuse du nyocarde). Nous n'avons eu du reste que rarement l'occaion de l'étudier (4 observations).

Son apparition coïncide avec les phénomènes asyst ques, qu'il existe déjà ou non des lésions organiques p manentes du foie (cirrhose cardiaque, obs. xxx). Il devi de plus en plus intense à mesure que l'asystolie s'accent que le foie augmente de volume, que la diurèse dimin Il décroît et finit par disparaître lorsque ces accidents ai ont cédé à une médication appropriée, lorsque le foi repris ses dimensions normales, ou qu'il s'est produit diurèse abondante, des selles copieuses, etc.

Aussi, à défaut des signes fournis par la palpation et percussion, l'ictère cardiaque hémaphéique peut-il ser dans une certaine mesure à apprécier l'état de la circu tion hépatique.

Il est inutile de dire qu'ici, comme dans toutes les ma festations de l'hémaphéisme, il faut faire entrer en ligne compte l'activité plus ou moins grande des diverses fo tions et avant tout l'abondance de la diurèse et du f intestinal. C'est ce que prouvent les observations suivan la première surtout.

Observation XXX (personnelle) très-résumée.

Affection mitrale double. — Asystolie, cirrhose cardiaque du foi Deux poussées d'ictère hémaphéique.

Schmitt (Cath.), 24 ans, entrée le 24 avril 1877, salle Sai Marthe, nº 15 (service de M. Gubler).

Cette femme a eu, il y a trois ans, à la suite d'une couche accidents cardiaques très-graves ; depuis cette époque, elle entrée plusieurs fois dans le service, en proie à des symptô asystoliques.

25 avril. Etat très-grave. Souffle double à la pointe, râpe Dilatation cardiaque. Pouls petit, très-irrégulier. Asysto Œdème pulmonaire, anasarque généralisée. Ascite énorme ; o peut pas mesurer le foie.

La peau et les sclérotiques présentent une teinte subictéri

prononcée. Les urines sont très-foncées, très-hémaphéiques, riches en urates et en albumine.

Le 26. On donne de l'acide salicylique. Urines 800 grammes *ut supra.*

Le 27. Les urines s'élèvent à 2,400 grammes, toujours aussi hémaphéiques. Même état général. On supprime l'acide salicylique.

Le 28. Urines 1300. On administre la digitale. L'ictère est plus marqué qu'au début; l'asystolie ne s'est pas modifiée.

Dès le lendemain, la malade accuse une grande amélioration, l'ascite a diminué, l'ictère et les urines ne se modifient pas (600 gr. environ).

Le 30 avril et 1er mai. Tous les phénomènes asystoliques s'amendent, la circulation se régularise, l'anasarque et l'œdème pulmonaire diminuent ; on peut sentir le foie qui est très-volumineux, dur, bosselé, légèrement douloureux. L'ictère diminue progressivement, en même temps que les urines renferment de moins en moins d'hémaphéine, bien qu'elles restent entre 700 et 800 gr.

Le 2. On ne note d'autres modifications que l'élévation du chiffre des urines à 1100, et l'augmentation légère de la dyspnée. Ictère très-peu marqué.

Le 4. On administre l'oxymel diurétique qui a toujours réussi à cette malade.

La diurèse augmenta alors progressivement et l'état général s'améliora de jour en jour. L'ictère s'atténua ; les urines devinrent moins colorées, tout en restant toujours hémaphéiques.

Du 5 au 13. La quantité des urines oscille entre 1,000 et 2,000 gr.

Le 13. L'ictère a disparu. — Pas de traitement.

Le 14. Urines 3,800. — Oxymel diurétique.

Le 15. Urines 2,500. Pouls redevenu très-irrégulier. Dyspnée.

Le 16. Urines 3,200. Pouls très-irrégulier. Foie très-douloureux. Urines très-hémaphéiques.

Le 17. Urines 2,900 gr. Urines très-colorées. Teinte subictérique.

On reprend alors la digitale.

Du 19 au 22. Les urines oscillent entre 900 et 1,100, renferment moins d'hémaphéine. L'ictère s'atténue pour disparaître définitivement le 22 mai. La circulation s'est régularisée. Le foie pré sente toujours les mêmes altérations.

L'amélioration se maintint depuis cette époque, grâce à u traitement alternativement composé de digitale et d'oxymel diu rétique.

Aujourd'hui, 8 août, l'état général est bon ; l'ictère ne s'est plu reproduit. Les urines conservent toujours un certain degré d'hém phéisme. Il n'y a plus d'ascite ; les symptômes locaux du côté d cœur et du foie ne se sont pas sensiblement modifiés.

Nous devons ajouter que pendant toute la période asystoliqu les selles ont été assez régulières ; la diarrhée, quand elle se pro duisit, fut toujours peu abondante.

Réflexions. — Cette observation démontre que la colora tion des urines et l'abondance de la sécrétion rénale son loin d'être toujours en rapport inverse, comme on l'a dit On voit en effet que les urines étaient de plus en plus héma phéiques, alors que la diurèse était très-active. D'autre par la diminution de l'hémaphéisme a coïncidé avec l'abaisse ment du chiffre des urines. Cette observation nous fourni donc la preuve que l'hémaphéine est autre chose que la ma tière colorante normale de l'urine en excès.

Observation XXXI (personnelle) résumée.

Insuffisance et rétrécissement de la valvule mitrale. — Asystolie. Congestion du foie. — Anasarque généralisée. — Ictère hémaphéique

Assman, 34 ans, entre le 19 avril 1875 à l'Hôtel-Dieu, sall Sainte-Jeanne, nº 76 (service de M. Moissenet).

Palpitations et oppression depuis longtemps. Aggravation d l'état général à partir de novembre 1874. Phénomènes de conges tion pulmonaire. Anasarque depuis douze jours.

A son entrée, on constate une teinte subictérique de la peau surtout de la face et des sclérotiques. Le cœur est hypertrophié les battements sont faibles, irréguliers. Souffle double à la pointe Hydrothorax double avec œdème pulmonaire. Hémoptysies Œdeme des membres inférieurs. Foie augmenté de volume douloureux à la pression. Urines rouge foncé, brunissant par l'acide nitrique, ne renfermant pas de bile, hémaphéiques.

Les jours suivants l'ictère s'accentue, les phénomène d'asystolie sont aussi plus prononcés ; la congestion du foie augmente. Ascite. Constipation. Urines *ut supra* (1 litre).

Du 21 au 27 avril. Teinture de digitale, 15 gouttes sans amélioration sensible. Eau-de-vie allemande, 15 gr. le 27 avril. Selles copieuses très-colorées.

A partir de ce moment, amélioration progressive ; diminution de l'ictère.

1er mai. Nouvelle purgation ; selles abondantes.

Le lendemain, la congestion du foie est beaucoup moins marquée, la coloration jaune des tissus à peine perceptible ; en même temps les phénomènes asystoliques s'atténuent ; les urines sont à peine plus colorées qu'à l'état normal.

Le malade sortit le 14 mai, dans un état relativement satisfaisant ; l'ictère avait entièrement disparu ; les urines étaient normales (1,200 gr. en moyenne par jour).

Observation XXXII (Personnelle) résumée.

Bronchite chronique avec emphysème. — Dilatation du cœur droit Congestion considérable du foie. — Teinte subictérique hémaphéique.

D..., 48 ans, employé, entre le 2 juin 1877, salle Saint-Louis, 8, (service de M. Gubler).

Début en janvier 1877 par bronchite intense, puis oppression croissante. Présente les signes d'une bronchite chronique avec emphysème et dilatation du cœur droit. Le foie est considérablement hypertrophié, descend jusqu'au niveau de l'ombilic. La pression au niveau de la région hépatique est douloureuse. Un peu d'ascite.

Teinte subictérique des téguments. Coloration jaune des sclérotiques. Selles régulières, très-colorées. Urines (1,000 gr.) très-hémaphéiques. — Digitale.

Du 2 au 9 juin, les phénomènes généraux s'atténuent ; la teinte jaunâtre tend à s'effacer ; les urines ne se modifient pas. Le foie diminue de volume.

Le 10. L'oppression est de nouveau plus grande. L'ictère semble plus marqué.

A partir de ce moment l'état asystolique s'accentua (œdème pulmonaire, anasarque généralisée, oppression croissante.)

Le 18. La teinte ictérique est très-nette. Les urines sont toujours foncées, colorées en rouge rubis par l'acide nitrique, albumineuses. Foie énorme. Constipation.

Le 25. Le malade découragé demande à sortir, bien qu'il ne se soit produit aucune amélioration : dans les trois derniers jours il a eu beaucoup de diarrhée. La peau a repris une teinte à peu près normale.

Observation XXXIII.

(Thèse Ev. Michel, p. 28, résumée.)

Affection organique du cœur. — Ictère hémaphéique intense.

Lebout, marchand des quatre-saisons, 36 ans, entré le 21 mars 1860, salle Saint-Louis, nº 4 (service de M Gubler).

Il y a quatre ans cet homme a été pris subitement, sous l'influence d'un refroidissement, d'une affection du cœur avec fièvre et dyspnée très-forte. Depuis il a toujours présenté des symptômes d'affection cardiaque.

Etat actuel. Matité étendue de la région précordiale : l'impulsion du cœur est augmentée. Double frémissement à la main au niveau du ventricule gauche : souffle au premier temps, et frôlement superficiel dans la région de la pointe. Ce frôlement n'est pas perçu par l'oreille. A la base souffle au premier temps, le second claquement est accompagné d'un bruit de souffle ayant son maximum à la base. Pouls irrégulier, faible, disparaissant sous le doigt.

Foie volumineux, douloureux à la pression. Le développement des poumons est gêné par celui du cœur et du foie. Quelques frois sements pleurétiques à droite.

Teinte jaunâtre de la peau : urines très-colorées, d'un jaune brun un peu orangé quand on les regarde par transparence dans un verre : elles teignent le linge du malade qui est plaqué de petites taches d'un rouge clair, rappelant la teinte du melon. Traitées par l'acide nitrique, ces urines ne fournissent point la coloration qui caractérise la bile, mais un précipité albumineux très-abondant : elles foncent aussi en couleur et prennent une teinte brun acajou dans la zone où prédomine l'acide (urines *hémaphéiques*).

23 mars. Les sclérotiques ont la *coloration de l'ictère vrai.* Les gencives présentent une teinte jaune à leur partie supérieure devenant plus manifeste par la pression momentanée qui fait disparaître le sang des capillaires.

Un peu amélioré par les purgatifs et la digitale, le malade demande le 11 *avril* à sortir de l'hôpital.

HÉMAPHÉISME SECONDAIRE.

Dans le cours de ces recherches nous avons été frappé de la fréquence d'un phénomène qui n'avait du reste pas échappé à notre maître et dont déjà MM. Rousseau, Papillon, Alb. Robin ont fait brièvement mention.

Lorsqu'un ictère vrai a duré un certain temps et que la cause de la jaunisse a disparu, on voit peu à peu les urines changer de nature : au lieu de tacher le linge en jaune verdâtre, elles n'y laissent plus que des plaques jaunâtres ou jaune rougeâtre. L'acide nitrique détermine au lieu de la coloration verte caractéristique de la biliphéine une teinte feuille-morte, qui indique la coexistence des deux pigments ictérogènes. Puis progressivement celle-ci fait place à la teinte acajou vieilli pathognomonique de l'hémaphéisme. On ne trouve plus alors aucune des réactions de la bile, mais toutes celles de l'hémaphéine.

Comment s'expliquer la genèse de cet *hémaphéisme secondaire ?* Il est à croire que la stase biliaire prolongée produit une certaine altération des cellules hépatiques et par suite un trouble dans leur activité sécrétoire. A l'appui de cette interprétation, donnée par M. Gubler, nous pouvons invoquer la note de notre collègue Doléris sur les urines dans l'atrophie jaune aigu du foie. Elle semble démontrer en effet que dans les derniers jours de cette affection destructive de la glande hépatique le pigment biliaire disparaît des urines.

Cette transformation des urines peut être observée chaque fois que la jaunisse bilieuse a été intense, ou que, sans avoir été très-accentuée, elle s'est prolongée pendant un certain temps.

L'hémaphéisme secondaire, souvent peu marqué, a une durée très-variable. Dans la plupart de nos observations, où il ne s'agit que de cas bénins, il disparut au bout de un à trois jours. Mais il peut persister beaucoup plus longtemps (20 jours, obs. xxxiv), et souvent alors il est difficile de préciser le moment où il n'y a plus trace d'hémaphéisme urinaire.

Quant aux téguments, ils conservent souvent une teinte subictérique assez longtemps après que les urines sont dénuées de biliphéine, et cette jaunisse secondaire, toujours peu intense, ne relève peut-être que de l'hémaphéisme. Sur ce dernier point cependant nous ne saurions émettre une opinion absolue : car il est certain que le pigment biliaire imprègne les téguments plus longtemps que les urines.

Mais fréquemment aussi, lorsque toutes les fonctions ont repris leur allure normale, la peau se décolore entièrement; les urines sont alors les seuls témoins de la présence de l'hémaphéine dans le sang.

Parfois le clinicien, n'assistant qu'à cette dernière phase de l'ictère bilieux, pourrait croire au premier abord que c'est l'hémaphéine qui dès le début a coloré les téguments. C'est là une cause d'erreur que nous avons signalée, en même temps que nous indiquions les moyens de l'éviter (v. Diagnostic de l'ictère hémaphéique).

Nous n'avons pas cru devoir relater ici les faits nombreux de ce genre que nous avons eu l'occasion d'étudier ; du reste plusieurs observations citées plus haut nous fournissent des exemples d'ictère hémaphéique secondaire. Nous nous bornerons à résumer l'histoire de trois malades qui peuvent servir de types. Chez le premier et le troisième, (xxxiv, xxxvi) l'ictère vrai put être étudié presque dès le début et nous assistâmes à toutes les transformations successives de l'urine. La seconde malade n'entra au contraire dans le service que lorsque la biliphéine avait déjà disparu des urines : ce fut en s'appuyant sur les antécédents, et sur certains phénomènes concomitants (démangeaisons, ralentissement du pouls) qu'on put reconnaître l'origine bilieuse de la jaunisse (obs. xxxv).

Observation XXXIV (personnelle) résumée.

Embarras gastrique alcoolique. — Ictère bilieux intense. — Congestion persistante du foie. — Ictère mixte durant 4 jou.s. — Hémaphéisme secondaire pendant 20 jours.

Loviney, 28 ans, serrurier, entré le 16 mai 1877, salle Saint-Louis, n° 23 (service de M. Gubler).

Habitudes alcooliques invétérées, syphilis? [Dans les derniers jours d'avril, et les trois premiers de mai grands excès de boisson.

Le 2 et le 3 mai. Grand malaise avec nausées. Le 4, coloration ictérique des conjonctives. L'ictère envahit la face et devient verdâtre. Selles argileuses. Anorexie. Faiblesse. — Etat stationnaire les jours suivants. Démangeaisons le 15 mai.

Etat actuel (17 mai). Coloration jaune verdâtre de toute la peau : peu de troubles digestifs. Foie mesurant 17 cent., peu douloureux. Selles colorées. Démangeaisons. Pouls 60.

Urines jaune-rouge, très-riches en pigment biliaire, laissent sur le linge des taches jaunes verdâtres (1,200). — Scammonée.

Le 18. Selles abondantes, peu colorées. Ictère un peu moins verdâtre. Urines moins riches en bile. Pouls 64. — Eau de Vichy.

Le 19. Les téguments ne sont plus que jaune bronzé, sans nuance verdâtre. Les urines renferment moins de bile, laissent sur le linge des taches jaunes avec auréole vert pâle. Selles plus colorées. Pas de démangeaisons. Etat général bon.

Le 20 mai L'ictère s'efface encore. Les urines donnent par l'acide nitrique une coloration *feuille-morte*, colorent le linge en rouge (*ictère mixte*). — Bains.

Le 21 mai. Pas de changement. Le teinte feuille-morte est moins marquée. Beaucoup d'hémaphéine : traces de pigment biliaire. Selles de coloration presque normale.

L'urine rendue le soir en grande abondance est jaune-ambré, sans réaction biliaire.

Celle du 22 au matin a de nouveau des effets verdâtres, donne par l'acide nitrique une teinte feuille morte. Dans la nuit un peu de démangeaison. Pouls 60.

Pendant toute cette période la quantité des urines a été de 1500-1,700 gr., l'ictère est resté stationnaire.

Le 23. Urines exclusivement hémaphéiques (2,000 gr.). Les démangeaisons ont disparu.

Du 23 au 31 mai. L'ictère s'atténua lentement. Urines environ 800 la nuit et 800 le jour. Celles de la nuit très-hémaphéiques : celles du jour moins foncées, peu hémaphéiques. — Selles de coloration normales. Pouls 72. Epistaxis le 27 et le 30 mai. État général bon.

Le 1er juin. Urines 2,000 gr. environ, hémaphéiques. Le foie mesure 15 cent. A partir de cette époque les urines et la peau reprirent peu à peu leurs caractères normaux.

Le 11. L'ictère a disparu. Urines normales. Foie mesurant 13 cent.

Le 12. Exeat : guérison complète.

Observation XXXV (personnelle).

Ictère bilieux de cause morale. — Ictère hémaphéique secondaire, au moment de l'entrée à l'hôpital.

Huguenet (Marie), 22 ans, domestique, entrée le 24 mars 1877 salle Sainte-Marthe, n° 1 (service de M. Gubler).

Du 7 au 10 mars fortes contrariétés. Le 8, embarras de voies digestives, anorexie. Le 10 elle remarque qu'elle est très jaune.

Du 10 au 24 mars. Perte d'appétit, douleurs de ventre, selle rares, presque incolores. Urines rouges.

La jaunisse persistant, sans toutefois devenir plus intense, elle entre à l'hôpital le 24 mars.

L'ictère à ce moment est peu marqué sur les membres, mais assez prononcé sur la face et les sclérotiques. Les urines sont jaune rougeâtre, sans reflets verdâtres, colorant le linge en saumon pâle, ne renferment pas de bile, mais beaucoup d'hémaphéine. État général assez bon, sauf un peu de faiblesse. Selles décolorées. Pouls petit (60 pulsations). Foie diminué de volume, non douloureux. Quelques démangeaisons.

Diagnostic. Ictère hémaphéique secondaire.

Le 26. Foie revenu presque au niveau des fausses côtes. Etat général excellent. La teinte ictérique est moins marquée : les urines sont très-hémaphéiques. Selles régulières, colorées, pas de démangeaisons. P. 68.

Le 28. L'ictère est entièrement effacé : les urines sont encore colorées. Il n'y a pas de démangeaisons. Fonctions digestives normales. Pouls 74.

Le 3 avril. La malade sort entièrement guérie. Pouls 74.

Observation XXXVI (personnelle) résumée.

Ictère catarrhal bilieux. — Ictère hémaphéique secondaire.

Lar (Marie), lingère, 20 ans, entrée le 3 novembre 1877, salle Sainte-Marthe, n° 70, dans le service de M. Gubler.

Dans les derniers jours d'octobre, phénomènes d'embarras gastrique.

1er novembre. Apparition de l'ictère qui alla en s'accentuant les jours suivants. L'état général ne s'améliorant pas, elle entre à l'hôpital le 7 novembre.

État actuel. Symptômes d'embarras gastrique moins prononcés. Teinte ictérique des téguments. Selles décolorées. Urines bilieuses, très-colorées.

Le 10 novembre. Urines très-colorées, mais peu riches en bile, donnant les réactions de l'ictère mixte. Selles abondantes sous l'influence du calomel.

Le 11. Teinte des téguments atténuée. Urines très-colorées, à peine teintées en vert par l'acide nitrique, mais laissant sur les linges une tache nettement verdâtre. Etat général excellent. Foie de volume normal.

Le 13. Urines très-colorées, entièrement dépourvues de bile, très-hémaphéiques. Selles décolorées, argileuses. Teinte encore jaune pâle des téguments.

Du 14 au 26. Les urines reprennent peu à peu le caractère normal ; les selles sont toujours peu colorées. La peau conserve une coloration jaune sale.

Le 28. La malade quitte l'hôpital. Urines et selles de coloration presque normale. La peau est toujours un peu jaunâtre. Etat général excellent.

Ictère des nouveau-nés.

L'étude de l'ictère des nouveau-nés est aujourd'hui encore à faire et aucune des théories émises par les auteurs qui se sont occupés de cette question ne fournit une solution définitive. Du reste les contestations auxquelles elle a donné lieu semblent prouver que le problème est complexe et que le processus ictérogène n'est pas toujours le même.

Cependant, en vertu des perturbations profondes que subit la circulation du foie au moment de la naissance, en raison encore des modifications si brusques qu'éprouve en même temps le sang dans sa constitution (Hayem, Lépine), nous serions porté théoriquement à faire intervenir ici l'hémaphéisme dans la majorité des cas au moins.

Telle est du reste la conclusion à laquelle est arrivé M. le professeur Gubler, qui a fait sur ce point de nombreuses recherches cliniques.

Plus récemment, MM. Parrot et Alb. Robin ont également abordé cette question et en ont fait le sujet d'un travail actuellement en voie d'exécution, et fondé sur de très-nombreuses observations. Nous tenons à remercier chaleureusement M. le professeur Parrot et notre excellent collègue Robin des renseignements qu'ils ont bien voulu nous donner à ce propos, et qui paraissent présenter un grand intérêt au point de vue de la théorie de l'hémaphéisme.

Nous empruntons à une communication orale de M. Robin les faits suivants :

A. On doit distinguer plusieurs variétés d'ictère des nouveau-nés.

1° L'ictère normal, le plus précoce, dû à la congestion cutanée, toujours hémaphéique.

2° L'ictère plus tardif, tantôt grave et alors d'ordinaire hémaphéique (60 cas sur 63), tantôt bénin et alors souvent biliphéique (polycholie des nouveau-nés).

Il existe entre ces diverses espèces d'ictère des différences très-nettes au point de vue des phénomènes généraux, de la température, de l'urée rendue dans les urines, etc.

B. Les urines des nouveau-nés ictériques présentent des particularités remarquables.

1° On y trouve des masses jaunes, des cristaux aciculaires ressemblant au premier abord aux cristaux de bilirubine signalés par Orth, mais en différant essentiellement par leurs réactions. M. Robin est porté à croire que ces masses jaunes sont constituées principalement par de l'hémaphéine.

2° On y rencontre souvent des cristaux d'hématoïdine, et des amas pigmentaires d'origine vraisemblablement hématique : détail d'autant plus intéressant que l'hématurie proprement dite est rare chez le nouveau-né en dehors de la tubulhématie.

3° On y voit enfin parfois des sphérules d'urate de soude.

Ainsi deux faits résultent déjà de ces recherches encore inachevées : 1° la nature hémaphéique de l'ictère dans le plus grand nombre des cas ; 2° l'apparition dans les urines de divers éléments, hématoïdine, amas pigmentaires, masses jaunes, qui dérivent, comme l'hémaphéine, du pigment sanguin.

Il est donc permis de croire que la théorie de l'hémaphéisme trouvera encore ici une justification nouvelle et des plus probantes.

CONCLUSIONS.

A. — *L'hémaphéine* est un pigment pathologique dérivé de la matière colorante du sang. Par ses réactions dans les urines et le sérum sanguin, elle se distingue des pigments sanguin, urinaire et biliaire.

B. —*L'hémaphéine* se produit : 1° quand ily a dénutrition exagérée des globules, et que par suite le foie ne peut pas transformer en biliphéine toute l'hémoglobine ainsi mise en liberté ; 2° quand il existe des altérations du foie qui amènent une impuissance fonctionnelle de cet organe.

C. — *L'hémaphéine* ne se montre généralement que dans les urines. Elle peut aussi s'éliminer par les glandes sudoripares et par les sécrétions intestinales ; quand elle imprègne les téguments cutanés elle donne lieu à l'ictère dit hémaphéique.

D. — *L'ictère hémaphéique*, en dehors des réactions urinaires, présente des symptômes différents de l'ictère vulgaire ou bilieux. Il est généralement peu intense, ne s'accompagne pas de démangeaisons ni d'éruptions cutanées ni de ralentissement notable du pouls. Les selles sont le plus souvent très-colorées.

E. — *L'hémaphéisme* peut avoir une grande valeur diagnostique et pronostique.

F. On rencontre surtout l'*ictère hémaphéique* dans les affections suivantes: empoisonnements (plomb, alcool), pyrexies et phlegmasies aiguës, maladies chroniques du foie (cirrhose atrophique, stase cardiaque).

G. — *Les ictères bilieux* prolongés ou intenses sont généralement suivis d'un ictère hémaphéique secondaire, dû à l'altération des cellules hépatiques par la stase biliaire.

H. — *L'ictère des nouveau-nés* est hémaphéique dans la grande majorité des cas.

Index bibliographique des travaux sur l'hémaphéisme et l'ictère hémaphéique.

GUBLER. — Ictère hémaphéique dans l'intoxication saturnine, 1857, Soc. méd. hôp. et Un. méd.

— Analogie d'action de l'acide nitrique sur l'hématoïdine et le pigment biliaire. Soc. biol., 1858.

DURANTE. — Altérations de l'urine dans les maladies. Thèse Paris, 1862.

GUBLER. — Albuminurie. Dict. encyclop.

MICHEL (Ev.) — De l'ictère hémaphéique, 1868. Thèse Paris.

NISSERON. — De l'urine. Thèse Paris, 1869.

MÉHU. — Matières colorantes de l'urine. Arch. gén., 1873.

PAPILLON. — Examen de l'urine dans quelques maladies aiguës. Th. Paris, 1872.

BOUCHARD. — Leçons sur les urines faites à la Charité. Gazette hebd., 1873.

PONCET. — Ictère hématique traumatique. Thèse Paris, 1874.

LÉCORCHÉ. — Maladies des reins, 1875.

ROUSSEAU. — Des urines ictériques et pseudo-ictériques. Thèse Paris, 1875.

ROBIN (Alb.). — La fièvre typhoïde. Essai d'urologie clinique. Thèse Paris, 1877.

Consulter en outre les articles Bile, Foie, Ictère, des Dictionnaires et les traités classiques d'urologie. En ce qui concerne les pigments biliaires et urinaires, nous ne pouvons que renvoyer à l'index bibliographique si complet du travail d'Albert Robin.

TABLE DES MATIÈRES

PREMIÈRE PARTIE.

De l'hémaphéisme en géneral.

SECONDE PARTIE.

De l'ictère hémaphéique en particulier dans quelques maladies.

Paris. A. [illegible], imprimeur de la Faculté de Médecine, rue M^r-le-Prince, 31.

Paris. A. Parent, imprimeur de la Faculté de Médecine, rue M.-le-Prince, 31.